ALEXANDER McQUEEN
SAVAGE BEAUTY

后浪出版公司

亚历山大·麦昆：野性之美
ALEXANDER McQUEEN
SAVAGE BEAUTY

［英］安德鲁·博尔顿（Andrew Bolton） 编著　邓悦现 译

CNS｜湖南美术出版社

图书在版编目（CIP）数据

亚历山大·麦昆：野性之美 /（英）安德鲁·博尔顿（Andrew Bolton）编著；邓悦现译.
—— 长沙：湖南美术出版社，2017.6
书名原文：Alexander McQueen:Savage Beauty
ISBN 978-7-5356-7331-2

Ⅰ.①亚… Ⅱ.①安…②邓… Ⅲ.①服装设计 – 作
品集 – 英国 – 现代 Ⅳ.① TS941.28

中国版本图书馆 CIP 数据核字 (2017) 第 041777 号

亚历山大·麦昆：野性之美
YALISHANDA MAIKUN YEXING ZHI MEI

编　　著：［英］安德鲁·博尔顿（Andrew Bolton）
译　　者：邓悦现
出 版 人：李小山
选题策划：后浪出版公司
出版统筹：吴兴元
编辑统筹：蒋天飞
责任编辑：贺澧沙
特约编辑：迟安妮
营销推广：ONEBOOK
装帧制造：墨白空间·李渔
出版发行：湖南美术出版社　后浪出版公司
印　　刷：北京盛通印刷股份有限公司
　　　　　（北京亦庄经济技术开发区经海三路18号）
开　　本：787×1092　1/8
印　　张：30
版　　次：2017 年 6 月第 1 版
印　　次：2017 年 6 月第 1 次印刷
书　　号：ISBN 978-7-5356-7331-2
定　　价：380.00 元

读者服务：reader@hinabook.com 188-1142-1266
投稿服务：onebook@hinabook.com 133-6631-2326
直销服务：buy@hinabook.com 133-6657-3072
网上订购：www.hinabook.com（后浪官网）

目录

CONTENTS

大都会艺术博物馆时装学院（The Costume Institute of The Metropolitan Museum of Art）以2011年的春季展览"亚历山大·麦昆：野性之美"（Alexander McQueen: Savage Beauty）表达了对亚历山大·麦昆非凡的作品的认可，亚历山大·麦昆时装屋为此感到万分荣幸。

这次展览呈现出麦昆令人惊叹的视野和创造力，以陈列艺术品的方式展现了他精彩的时装设计作品。在本次展览中，大概有一百件设计作品公之于众——包括多件他在其职业生涯早期创作的珍贵作品，大部分展品来自馆藏丰富的伦敦亚历山大·麦昆档案馆（Alexander McQueen Archive）。

作为一间高级时装屋，亚历山大·麦昆一向注重想象力和自由表达。我们真诚地感谢展览方对于李（Lee）的优秀设计所产生的文化影响力，以及他对于时尚界所做出的贡献的高度认可。

亚历山大·麦昆时装屋很荣幸能够和美国运通、康泰纳仕一起赞助"亚历山大·麦昆：野性之美"展览，将李·亚历山大·麦昆的丰富遗产传于子孙，以贻后世。

乔纳森·阿克约德
亚历山大·麦昆时装屋首席执行官

很多时尚设计师都凭借着他们非凡的创造力在艺术博物馆里展示他们的作品。但我想很少有设计师的履历能够像亚历山大·麦昆的一样，那么契合艺术史的语言和方法论。正如这本大都会艺术博物馆的展览图录所示，麦昆的设计主题总是有着不仅限于时尚的雄心。从他那富有远见的学生时代的作品，到最后一个挽歌般的时装系列，麦昆最受瞩目的设计都充满了叙事性、美感和精湛的工艺，而人们也从来无法预料他接下来的作品将会是什么样子。

策展人安德鲁·博尔顿（Andrew Bolton）对麦昆的职业生涯的研究，揭示了这位设计师的黑暗情感后的微妙的复杂性。有关骑士精神、残忍暴虐和浪漫的神话意象，女性英雄主义的理想，还有相悖于传统的美——这些概念都伴随着一种无比深邃的情感表现在麦昆的设计中，挑战我们接受关于性别、历史和自然的新观念。

本次展览得到了这位已故设计师身边很多亲密伙伴的慷慨帮助，他们不仅与我们分享了关于麦昆的回忆，还从衣橱中拿出自己的收藏给我们作展览之用，这其中包括了设计师早期作品中仅存的珍贵样衣。在此我代表策展团队特别感谢亚历山大·麦昆时装屋的创意总监莎拉·伯顿（Sarah Burton）以及她的员工所做出的卓越贡献。我们也很高兴能在本书中收录时尚记者苏珊娜·弗兰克尔（Susannah Frankel）和蒂姆·布兰克斯（Tim Blanks）富有洞见的观点。瑟尔韦·松德斯伯（Sølve Sundsbø，又译作索威·桑德波）精美的摄影作品则向我们展现了麦昆的设计的优雅，它们也是向这位艺术家表达永恒敬意的最佳方式。

承蒙亚历山大·麦昆时装屋的慷慨赞助，此次展览和这本图录才得以面世。我们同样也要向美国运通和康泰纳仕对这次展览做出的重要贡献表达真挚的感谢。

最后，我想感谢安娜·温图尔（Anna Wintour）对博物馆做出的贡献和对时装学院的支持。在过去超过十年的时间里，她对哈罗德·科达（Harold Koda）和安德鲁·博尔顿的工作向来不吝支持，她的付出让我们深受裨益和鼓舞。

Thomas P. Campbell,

托马斯·P·坎贝尔
大都会艺术博物馆馆长

亚历山大·麦昆的右上臂文着一行字:"爱不是用眼睛,而是用心去看的。"这句话出自莎士比亚《仲夏夜之梦》中的海伦娜之口。这个饱受相思之苦的姑娘被她深爱的狄米特律斯抛弃,因为他爱上了比海伦娜更美的赫米娅。这句独白正体现了爱情的捉摸不定和非理性。在海伦娜的眼中,爱情拥有让丑陋的事物看起来格外美好的力量,因为爱源自个人的主观感受,而非对外表的客观判断。这同样也是麦昆的个人哲学,并且深刻地影响了他的创作。在他的时尚理念中,爱与美是最重要的两大主题,他通过展现我们在审美判断上的偏见与局限,对"外观的政治学"进行了反思。

对于麦昆来说,爱是最高贵的人类情感。有一次他在采访中被问道,有什么事情会让他的心漏跳一拍,他毫不犹豫地回答说:"坠入爱河。"[1]时装给了麦昆一个对爱——无论是爱的痛苦还是爱的狂喜——进行概念表达的渠道。这种表达通常是充满了个人色彩的。"你在设计中看到的就是设计师本人。我的作品中有我的心。"[2]这种对自我的披露,以及这种脆弱,都深深地浸透在他的时装中,赋予了它们尊严和人性、强烈的情感和犀利的态度。然而对于麦昆来说,时装不仅仅是自我情绪的宣泄通道。他也把时装看作一种催化剂,它可以培育和教化出对情感的高度敏感性。他曾这样评论时装秀的理念:"在时尚界……一场秀……应该能让你思考,如果它不能激发出某种情感,那办秀就毫无意义了。"[3]

麦昆的时装秀以先锋的装置和行为艺术著称,能激发出观众强烈的、发自内心的情感。他的朋友和导师、曾被他形容为"介于比林斯盖特海鲜市场的贩鱼妇人和卢克雷齐娅·波吉亚(Lucrezia Borgia)之间"[4]的造型师伊莎贝拉·布罗(Isabella Blow),相信麦昆是"唯一能够(让)观众们对时装秀产生情感上的反应的设计师,无论这种情感是喜悦、悲伤、反感还是恶心"[5]。麦昆自己也曾说:"我可不想搞一个鸡尾酒派对,我宁愿人们出了我的秀场就吐出来。我更喜欢极端的反应。"[6]麦昆的时装秀所引发的情感反应,主要来自秀场上那些充满了戏剧性的场景,而那些场景又主要取材于我们文化中的焦虑和不确定性。麦昆认为自己的时装系列具有新闻性,他说:"我是在表达关于时代的观点,关于我们所生活过的时代的观点。我的作品就像是一份关于当今世界的社会档案。"[7]当谈论到麦昆的时装系列中具有强烈冲击力的视觉内容时,记者苏西·门克斯(Suzy Menkes)说:"令人厌恶的画面?这就是对我们这个肮脏世界的反映。一个强大的设计师,总是能从他所处的时代中获得灵感。"[8]

麦昆在 T 台上将强烈的情感变为审美体验的有力源泉。他延续了一种出现在 18 世纪末浪漫主义运动中的传统,将情感和美放在了同等的地位。浪漫主义将自由的情感表达和对美的推崇联系在一起。无论敬畏或惊叹、担忧或恐惧,浪漫主义的关键就在于这些与"崇高"(Sublime)紧密相关的情感。作为一种情感体验,崇高同时具有不稳定性和变革性,它会超出人类的自我控制和理性理解的能力,这些无声的交锋恰恰能形容麦昆的秀场所带来的体验。他的秀一次次把观众们推向理性的极限,带来夹杂着惊异和恐惧、怀疑和厌恶的不安的欢乐。对于麦昆来说,崇高是最强烈的激情,它有可能令人一尝日常生活之外的兴奋与超凡脱俗。

崇高这个概念构成了"亚历山大·麦昆:野性之美"展览的前提,这个展览探索了麦昆与浪漫主义之间深厚的渊源。对于麦昆而言,崇高是连接起浪漫主义和后现代主义的桥梁,这些大都出现在他的 T 台上所呈现的场景,以及时装秀力求表现的那种强烈的、不可抑制的感情主义之中。除了崇高之外,麦昆也和其他一些浪漫主义运动中的思想和哲学概念联系密切,这些都体现在他的时装系列里几个最常见的主题中,而这些概念也正构成这次展览和这本书的主题。展览中的几大主题部分展示了麦昆的多个系列中的作品——从 1992 年的硕士毕业作品,到 2010 年他去世后才展示的最后一个系列——以及几个重点系列,它们阐明和概括了麦昆作品中每一个最常见的主题。而整个展览最终呈现在人们眼前的,是一种意在将过去的浪漫主义重建于当下的后现代主义中的时尚理念。

这种时尚理念的核心,是让-雅克·卢梭(Jean-Jacques Rousseau)的著述所提出的"个人主义"。它主张艺术家个体的创造力,画家欧仁·德拉克洛瓦(Eugène Delacroix)、音乐家路德维希·凡·贝多芬（Ludwig van Beethoven）和文学家拜伦勋爵（Lord Byron）都是各自领域中的典范。就像拜伦、贝多芬和德拉克洛瓦一样，麦昆是一个典型的浪漫主义者，是坚定地追寻着其灵感的引导的艺术家。作为一名设计师，他一直宣扬的是思想和表达的自由，把想象力放在至高无上的地位。他曾说过："我想要（给时装）带来的就是一种创造力。"[9] 麦昆主要通过他的时装里精湛的裁剪技巧来表现它。展览中的"浪漫主义精神"（The Romantic Mind）部分通过展示麦昆极具创新性和革命性的裁剪和制版手法来探究他的创造才能。麦昆在技巧上的惊人才华，早在他于伦敦中央圣马丁艺术与设计学院（Central Saint Martins College of Art and Design）的时装设计硕士课程中所做的毕业设计中就展现无遗。这个被命名为"开膛手杰克跟踪他的受害者"（*Jack the Ripper Stalks His Victims*，1992 年）的系列中包括了很多他的标志性设计，例如三点"折纸"（origami）长礼服。在他毕业后的第一个系列"出租车司机"（*Taxi Driver*，1993—1994 年秋冬系列）中，麦昆设计出了他的"包屁者"（bumster）长裤，这种裤子的腰线低到能露出半个臀部。麦昆是那种注定要做设计师的人，他的设计的形式和廓形在最早期的几个系列里就已经确立，并且在他的整个职业生涯中都一脉相承。当提到他早些时候在伦敦萨维尔街（Savile Row）所接受的训练，麦昆说："裁剪，是我所做的一切的基础。"[10] "浪漫主义精神"部分分类展示了一系列关于"学习"的作品（外套、长裤、半身裙和夹克），揭示了一种时装设计方法，它结合了男装定制和打版中的精确性与传统技巧，以及立体裁剪和女装制作中不拘一格的即兴创作，而这种设计方法在他去巴黎担任纪梵希（Givenchy）的创意总监后变得愈发成熟稳定。这种兼具严苛和冲动、训练有素和自由不羁的设计方法，正构成了麦昆不可被常人模仿的独特之处。

和浪漫主义运动中的艺术家和作家一样，麦昆的设计中的本质特征之一在于其历史性。他的这种创作灵感来源十分广泛，但主要来自 19 世纪，特别是维多利亚时代的哥特风格。麦昆曾说："（我的）时装系列里有种东西……有点像埃德加·爱伦·坡（Edgar Allan Poe）的小说，有点深奥，有点忧郁。"[11] 在"浪漫哥特风格"（Romantic Gothic）部分，你会看到爱伦·坡在《厄舍府的倒塌》（*The Fall of the House of Usher*，1839 年）里所描绘的那种"幽暗的想象"被生动地体现在麦昆的大多数时装系列中，尤其是"但丁"（*Dante*，1996—1997 年秋冬系列）和"无与伦比"（*Supercalifragilisticexpialidocious*，2002—2003 年秋冬系列）。就像结合了恐怖和浪漫元素的维多利亚时代的哥特风格一样，麦昆的时装系列也常常表现出矛盾的关系，像是生命和死亡、光明和黑暗。实际上，他的秀场所体现出的情感张力，常常正是由辩证对立的两方之间的角力带来的。在"浪漫哥特风格"的重点系列中，麦昆去世后才得以展现在世人面前的 2010—2011 年秋冬系列［被非正式地命名为"天使与魔鬼"（*Angels and Demons*）］——灵感来自文艺复兴时期艺术大师的绘画作品——的主旨就是善和恶、天堂与地狱之间的对抗。在麦昆的时装系列，特别是配饰的设计中，受害者和侵犯者之间的关系尤为明显。麦昆曾说："我尤其喜欢这些带着点'施虐-受虐狂'意味的配饰。"[12] 这种理念在"浪漫哥特风格"的补充"珍奇柜"（Cabinet of Curiosities）部分中展露无遗。这一部分展示了大量复古的、具有恋物癖风格的配饰，它们源自麦昆和几位配饰设计师合作的设计，这些设计师中包括女帽设计师戴·里斯（Dai Rees）和菲利普·特里西（Philip Treacy），珠宝设计师肖恩·利恩（Shaun Leane）、埃里克·哈利（Erik Halley）和莎拉·哈玛妮（Sarah Harmarnee）。这部分的重点系列为"第 13 号"（*No.13*，1999 年春夏系列），灵感源自工艺美术运动，这场运动关注人与机器、手工艺与工业技术之间的鲜明对立。

麦昆的时装系列总是围绕着具有深厚的自传性质的详尽故事而产生，这其中经常反映出他的祖先的历史，特别是他血脉中流淌的苏格兰基因。他曾被问到苏格兰人的血统对他来说意味着什么，他的回答是："一切。"[13] "浪漫民族主义"（Romantic Nationalism）部分便探究了麦昆的民族情怀，其中重点展示了首次出现麦昆式苏格兰格纹的"高地强暴"（*Highland Rape*，1995—1996 年秋冬系列）。半裸的模特穿着他的设计，蹒跚着走过扔满石楠和欧洲蕨的 T 台。"人们以为她们身上真的有血，还挂着卫生棉条。"在回应这场秀引起的争议时，麦昆说。"（但是）这真的只是一个快乐至上的服装系列：高地上的女野人。"[14] 实际上，这个基于 18 世纪的詹姆斯党起义（Jacobite Risings）和 19 世纪的高地大清洗（Highland

Clearances）的设计是麦昆对于自己的苏格兰民族身份的一次有力并发自内心的宣言。和浪漫主义时期的艺术家和作家一样，麦昆的民族主义通过民间叙事被自然地表达出来。"高地强暴"的后续系列"卡洛登的寡妇"（*Widows of Culloden*，2006—2007 年秋冬系列）同样以詹姆斯党起义的最后一个战役为题材，其设计特点是源自 19 世纪 80 年代风格的夸张廓形。在这一系列中，麦昆通过苏格兰高地人的遗孀之口诉说了一个哀婉的故事，她们的丈夫"登上一艘开往美国的船，结果却倒在了普利茅斯岩上"。[15] 这一系列的情绪比"高地强暴"更为婉转低回，但它所传达的信息却同样充满反叛的政治性："英国人在那里的所作所为，无异于种族灭绝。"[16] 尽管麦昆提出了这些对自己的苏格兰血统的衷心宣言，但他与英格兰，特别是伦敦的关系也密不可分。"伦敦是我长大的地方。我的心在这里，我的灵感也来自这里。"[17] 他曾这样说。他对于英格兰历史的浓厚兴趣，也许在"住在树上的女孩"（*The Girl Who Lived in the Tree*，2008—2009 年秋冬系列）中表现得最为明显。这是一个梦幻的、堂吉诃德式的童话，其灵感来自麦昆的位于东萨塞克斯郡费尔莱特湾附近的乡舍里的一棵榆树。这个系列受到"大英帝国、英格兰女王和威灵顿公爵"的影响，尽管带有些许讽刺和刻意效仿的色彩，但实际上它是麦昆最浪漫的民族主义系列作品。麦昆曾开过一个关于这个系列的玩笑："我想我要是为女王做这些衣服，那我肯定能得到一个爵士头衔，那我就成了亚历山大·麦昆爵士啦。"[18]

在"浪漫异国风情"（Romantic Exoticism）部分中，麦昆浪漫主义的敏锐感知力让他的想象不仅穿越了历史的长河，也跨越了广袤的空间。富有魅力的异域风情是浪漫主义的一个重要主题，拜伦勋爵和塞缪尔·泰勒·柯勒律治（Samuel Taylor Coleridge）在文学中推动了它的发展，后者的诗歌《忽必烈汗》（*Kubla Khan*，1797 年）就以亚洲城市元上都作为故事背景。对于浪漫主义者来说，从西班牙、亚洲到非洲，都是充满"异域风情"的地方，而这些地方也都曾激发了麦昆的想象。对麦昆来说，日本尤为重要，它深刻地影响了他的设计题材和设计风格。和服是设计师在各个系列中不断改造和利用的一种主要服装。实际上，麦昆的异域风情通常只是表现在形式上的。有一次在谈到他的设计的趋势时，他说："（我的工作就是）从世界各地的传统刺绣、金银掐丝工艺和手工艺之中提取所需要的元素。我会探究它们的工艺、图案和材质，再用我自己的方式将它们进行演绎。"[19] 在麦昆的各个系列中，异域风情常常会作为与另一方明显对立的一方出现。就像在"游戏而已"（*It's Only a Game*，2005 年春夏系列）中，T 台被布置成电影《哈利·波特与魔法石》（*Harry Potter and the Sorcerer's Stone*，2001 年）中的国际象棋盘，而东西方（日本和美国）就在这棋盘上对阵。电影和当代艺术也常常赋予麦昆灵感。以充满异国风情的服装而闻名的"沃斯"（*Voss*，2001 年春夏系列），其灵感来自乔－彼得·威金（Joel-Peter Witkin）的摄影作品《疗养院》（*Sanitarium*，1983 年），照片中一个肥胖的女人和一只猴子标本通过呼吸管被连接在了一起。在麦昆的 T 台上，扮演这个女人的是情色作家米歇尔·奥利（Michelle Olley）。这是一个具有典型的麦昆风格的时装系列，"沃斯"为美和怪诞之间的关系下了一个全新的注脚。对于麦昆来说，这具身体就是展现反叛精神的地方，在这里，常态受到质疑，边缘性与异常受到拥护与赞美。

在他的设计中，麦昆经常探讨关于多样性、差异和区别的概念，"浪漫原始主义"（Romantic Primitivism）这一部分展现的就是相关内容。贯穿其职业生涯，麦昆经常受"高贵的野蛮人"（noble savage）与自然界和谐共生的理想启发，以此回到原始主义的主题，这便是他毕业后的第二个时装系列"虚无主义"（*Nihilism*，1994 年春夏系列）所讨论的主题。他这样评价这个系列："（它）反映了设计师心目中浪漫化了的民族服装，比方说一条以马萨伊人为灵感的连衣裙所使用的面料可能是真正的马萨伊人一辈子都用不起的。"[20] 其中一条点缀着蝗虫的乳胶裙子尤为著名，它是麦昆对于饥荒的表现。"虚无主义"中的很多件单品上都涂抹着烂泥，麦昆在"厄苏"（*Eshu*，2000—2001 年秋冬系列）中又玩了这一手，该系列的名字和设计灵感都来自约鲁巴神话中一位著名的神祇。这一系列的单品，包括一件用黑色人造毛发编织成的外套，多多少少包含了几分恋物癖的意味。在"外面的世界很危险"（*It's a Jungle Out There*，1997—1998 年秋冬系列）中也是这样，这一系列的灵感来自汤氏瞪羚，设计师试图思考权力的动态，这尤其可见于捕食者和猎物的关系中。实际上，麦昆在阐释原始主义这一主题时，通常会把现代和原始、文明和蛮荒放在一起,造成矛盾冲突的效果。"浪漫原始主义"部分中的重点系列"变形"(*Irere*, 2003 年春夏系列),就讲述了一个关于海中沉船的故事,其中还有海盗、西班牙征服者和亚马孙印第安人的出场。麦昆的作品所蕴含的故事通常赞美自然状态,在道德的天平上青睐不为人工建造的文明所桎梏的"自然人",或者说"天生绅士"(nature's gentleman)。

自然,是对麦昆影响最重大,或者至少说最持久的元素。他曾说:"我所做的每件事都或多或少和自然有点关系。"[21]自然也是浪漫主义的重要主题之一,甚至说是最重要的主题。英国画家透纳(J.M.W.Turner)和约翰·康斯太勃尔(John Constable)、诗人塞缪尔·泰勒·柯勒律治和威廉·华兹华斯(William Wordsworth)就把自然本身看成一种艺术。麦昆也赞同并发扬这种观点,正如在"浪漫自然主义"(Romantic Naturalism)部分中,他的设计所采用的形式和原材料都来自大自然。不过对于麦昆和那些浪漫主义者来说,自然也是灵感和理念的来源。这在"浪漫自然主义"部分中的重点系列"柏拉图的亚特兰蒂斯"(*Plato's Atlantis*,2010 年春夏系列)中表现得最为明显。这个系列的灵感来自查尔斯·达尔文(Charles Darwin)的《物种起源》(*On the Origin of Species*,1859 年),只不过它关注的并不是人类的"进化",而是"退化",它大胆地预言,在未来,"冰盖融化……海平面上升……陆地上的生命不得不演化,以便再一次回到海中生活,否则就要灭亡"[22]。这一次时装秀通过英国著名摄影师尼克·奈特(Nick Knight)的时尚网站 SHOWstudio.com 在线直播,尝试要"(让)时尚的生产者和消费者来一场可以互动的对话"[23]。就像 SHOWstudio.com 的时尚总监亚历山大·弗瑞(Alexander Fury)说的那样,"就在我们的眼前……时装从实体变成了图像,转化为像素,几秒钟之间就在世界各地传播"[24]。对于浪漫主义者来说,大自然是崇高最主要的载体——点点繁星的夜空、风起云涌的海面、飞流直下的瀑布、险峻如壁的山峰。在"柏拉图的亚特兰蒂斯"中,这种关于崇高的体验不仅来自自然,也同时来自高科技——互联网带着我们跨越了空间,也跨越了时间。这强有力地唤起了崇高,以及与它紧密相连的浪漫主义和后现代的美学表现。与此同时,这个系列也展现了在麦昆超凡脱俗的想象之中,时尚的未来会是怎样的一番景象。他曾说:"我有些过于浪漫主义了。"[25]但正是他对于浪漫主义的渴望,激发出他的创造力,推动时尚向着人们无法想象且前所未有的方向前进。

"我的时装系列都是带有自传性质的，跟我的性取向息息相关，也代表了我是怎样的一个人——就像是把我的灵魂注入了这些时装系列中。它们与我的童年有关，与我对于人生的看法有关，与我在成长过程中被灌输的对于人生的看法有关。"

亚历山大·麦昆——无论是作为个人还是艺术家——是许多都市传说的主角。关于他的故事就是，一个年轻人声名鹊起后引发了众说纷纭，对他的争论不仅仅发生在普罗大众和新闻舆论之中，同样也发生在本该波澜不惊的时尚行业里。这位出身工人阶级的男孩，在他的职业生涯早期一直试图颠覆时尚圈严防死守的那套外人难以理解的虚伪做派和不合时宜的等级制度。即使是在生命最后的时光，他已经拥有了巨大的声望，麦昆的内心依然保持着强烈的反权威精神。他一路越过重重险阻，一直勇于直言不讳，设法成了萨维尔街的学徒，又以优异的成绩从世界上最著名的中央圣马丁艺术与设计学院时装硕士课程毕业。麦昆个人品牌的影响力随着服装的发布不断增强，仅仅八季发布会之后，他就获得了国际范围内的关注——他接替约翰·加利亚诺（John Galliano），成了纪梵希的首席设计师，这个优雅的巴黎时装屋最为出名的便是为奥黛丽·赫本（Audrey Hepburn）打造形象。自此他加入了古驰集团（Gucci Group），这个选择让他自己的时装品牌得以发展壮大，直至闻名世界。

麦昆只花了不到十年的时间，就从伦敦东区环境堪忧的小街小巷——在他的一生中，此地的真实与生动一直吸引着这位设计师——来到了巴黎气派的林荫大道，最后又回到了伦敦梅菲尔德地区的高级公寓。他曾在接受勋章时开玩笑说，他想要"离女王近一些"。到了这时，他已有四次被英国时装协会（British Fashion Council）选为英国年度设计师（分别在 1996 年、1997 年、2001 年和 2003 年），还有一次被美国时装设计师协会（Council of Fashion Designers of America）选为年度国际设计师（2003 年）。

不难理解，在他成功后，出现了许多关于他的传说。不过更令人印象深刻的是这位获得 CBE 勋章（Commander of the Order of the British Empire，大英帝国司令勋章）的亚历山大·麦昆勋爵犀利的行事作风，他不屈不挠地挑战、蔑视、对抗英国社会上那套顽固的等级制度和严苛的刻板印象。他总是被各种不公平的现象激怒，无论这种不公是针对他的，还是针对别人的。作为一个人，他远远要比任何媒体所呈现出来的经过了简化的形象更复杂、难以捉摸和不可思议。

李·亚历山大·麦昆于 1969 年 3 月 17 日出生在伦敦南部的刘易舍姆区。在不到一岁的时候，麦昆一家搬到了更偏东部的地方，先是斯特普尼地区的伯利路，之后是斯特拉斯福区的比戈斯塔福路上的一幢公寓楼。他是家中六个孩子里最年幼的一个，有三个姐姐和两个哥哥。他的父亲罗纳德（Ronald）是一名伦敦的黑色出租车司机。他的母亲乔伊斯（Joyce）在李十六岁以前都待在家中照顾子女，之后则成为一名夜校老师，教授系谱学和社会史。她曾追溯二百五十年前的家族历史，发现自己的祖先是法国的胡格诺教徒，他们为了躲避宗教迫害而移居伦敦的白教堂和斯皮塔佛德地区。于是我们的这位设计师终其一生都对自己的祖先充满了浓厚兴趣，几乎到了痴迷的程度。

麦昆先是进入了卡朋特小学，然后是当地的洛克比男童综合学校。从一开始，他的兴趣就和班上其他同学的截然不同。他是"大不列颠青年鸟类学家俱乐部"的成员，放学后常常去家旁边一栋公寓的屋顶观察从头顶飞过的红隼。他还报名参加花样游泳的课程，但是他从不是最引人注意的学生，他总是被发现在水面下潜泳，完全无视他可怜的教练。尽管如此，他还是加入了学校游泳队——他在水中的灵巧自如在之后让他的朋友们都震惊不已。然而在一次失败的向后翻腾跳水中，他落在了泳池边沿的水泥地上，磕掉了自己的门牙。过了很长一段时间，他才把这对门牙修补好。麦昆也很喜欢唱福音，他常常和他那些年轻的黑人朋友们去教堂里听当地的唱诗班演唱。

这位设计师从小就知道他会——用他自己的话来说——"成为时尚界的一个人物"。他在卧室墙上贴着一张卡尔文·克莱因（Calvin Klein）的肖像。"我开始画画的时候，真的只有三岁，"他说，"我这一生都在做这件事情，上小学期间，上初中期间，一直在做。我一直一直都想成为一个设计师。十二岁时我就开始读时尚类的书了。我熟知设计师们的职业生涯，我知道乔治·阿玛尼（Giorgio Armani）曾

做过橱窗设计师，伊曼纽尔·温加罗（Emanuel Ungaro）曾是个裁缝。"[1]尽管他的思想跟他学校里那些粗野的男孩们可能大相径庭，麦昆却总是声称他的同学们仅仅是无视他而已。"这挺好的。我做这些都是为了自己。但是我一直知道，我会成为时尚界的一个人物。我不知道自己会成为多大的人物，但我一直知道我会有一席之地。"[2]

1985 年，麦昆离开学校时才十六岁，只拿到了一个艺术类文凭。同年，他的妈妈在电视新闻上看到伦敦的萨维尔街正缺年轻的学徒，就建议她的儿子去那里找份工作。不久之后，他就成了高级定制男装店安德森与谢泼德（Anderson & Sheppard）的一名学徒，这家服装店拥有英国王室的御用证书，而麦昆则被分配在行业中最受尊敬、最严格的裁缝师之一科尼利厄斯（"肯"）·欧卡拉汉［Cornelius（"Con"）O'Callaghan］的手下。

当时，这家公司倾向于招收没有接受过正规时装教育的年轻人，因为公司相信他们比较好培训。麦昆在那里待了两年。据那些和他一起工作的人说，他通常都很安静，刚开始的时候非常专注，不断地向裁缝师傅提出问题。他学会制作半成品外套（forward）——也就是还没缝好袖子、背衬、领面、扣眼和线边迹的外套——所花的时间比一般学生要少整整一年。然而过了一段时间之后，他开始经常旷工，他告诉家人和朋友，他有点厌倦了。后来他向媒体透露了一则流传甚广的传闻：他在安德森与谢泼德工作期间曾在一件给威尔士亲王缝制的外套夹层里写了几句污言秽语。出于对这些传言的回应，公司召回了所有经过麦昆之手给威尔士亲王制作的衣服，但并没有找到这类涂鸦。20 世纪 90 年代早期的麦昆忙于扩大自己的影响力，显然不会反对这些关于他的争议。实际上他还会在背后推波助澜，尽管这些争议在之后的日子里一直纠缠着他。最典型的例子就是，每一次麦昆听到这个关于涂鸦的故事都会暴怒，人们对此的关注为这个故事再添一把火，而这也让这则传言一直被人们乐此不疲地提起。

"尽管他看起来不像是个奸猾之徒，尽管他让你有一种'所见即所得'的感觉，但麦昆实际上很有一套熟练而灵巧的操纵媒体的手法，"1996 年，记者阿利克斯·夏基（Alix Sharkey）在《卫报》（Guardian）上写道，"他知道这有多简单，只要说出自己的想法，就能让总是伪装得亲亲热热的时尚世界感受到一股夹杂着欢愉和恐惧的战栗——要知道，在这个世界里，大家都只敢在背后讲人坏话……而除却这些原因，麦昆实际上也是在考验你的真诚。尽管他是那么的装腔作势、目中无人，你还是能看出他是希望被爱的，只是他的不安全感让他采取了这种尖刻的、挑衅的态度。这是一种经典的情感防卫机制：与其坐等别人来让他失望，他宁愿挑衅别人，让别人站在他的敌对面，这正好能证明他最坏的预测，并赋予他的挑衅行为以合理性。"[3]

"是的，这可是一件大事，有个东区的小流氓出了名，"麦昆谈起自己早年的媒体形象时这样说道，"是媒体先这么说的，不是我。这是皮格马利翁效应。这不是真的……反正到最后，你要么是一个好设计师，要么不是，而这和你是从哪里来的没关系……我不认为你可以'成为'一个好设计师，或者伟大的设计师，或者别的什么。对我而言，你就'是'一个好设计师。了解颜色、比例、廓形、裁剪、平衡，这是基因决定的。我的姐姐是一个超赞的艺术家。我的哥哥是一个超赞的艺术家。超赞的，比我要厉害得多。而我们的区别在于，他们觉得自己除了干体力活之外没有别的出路。这让我很难过。"[4]

1988 年，麦昆搬到了萨维尔街上距安德森与谢泼德几个门牌号的君皇仕（Gieves & Hawkes），他主要在那里制作军装。他在那里工作了一年多一点——1989 年，他在自己的二十岁生日那天离开了，然后在戏剧服装供应商安琪儿（Angels）那里找到了一份工作，为伦敦的重要演出制作服装，而这其中最令他印象深刻的一部戏剧是《悲惨世界》。

麦昆在早期职业生涯中所走的每一步，其背后的动机都值得我们思考。他学会了制作英国传统定制男装时必不可少的复杂的裁剪工艺，这将在之后的岁月里成为他个人作品的重要组成部分。在此之后他又开始关注历史服装，尤其是 19 世纪女装的线条，它也成了麦昆的标志性设计元素。不久之后，他再次改变了研究方向，这次他为立野浩二（Koji Tatsuno）工作。立野浩二是一位驻扎在伦敦的日本设计师，高度推崇传统和手工艺，特别是男装中的，同时他也极具先锋精神，当时在山本耀司（Yohji Yamamoto）的资助下创建了自己的品牌。当时英国的服装产业受到经济萧条的影响，作为产业不景气的众多受害者之一，立野宣布破产。麦昆在此之后就去了那时最负盛名的时尚界大佬之一罗密欧·吉利（Romeo Gigli）那里。

"伦敦什么新鲜事都没有，"他解释道，"当时最轰动的事情就围绕着罗密欧·吉利。他简直无所不在。我想这是我唯一愿为之工作的人。我的姐姐是做旅游中介的，我搞到了一张机票，去米兰的单程票。当时我二十岁了。我拿着你所见过的最糟糕的简历走进了罗密欧·吉利的工作室，简历里都是服装设计稿。他们说那里没有可以提供给我的职位，如果有需要就会打电话给我。反正就是这样，然后我正走在大街上，有个女孩尖叫着追上我，像个疯女人一样：'等等，等等，等等！罗密欧想见你，他想明天见你，回来！'"[5]第二天早上，麦昆被雇用了。

麦昆在罗密欧·吉利工作室的时光虽然只有十二个月不到，但用他的话来说堪称"绝妙"。"那时候我就像个社交场上的傻瓜，还会穿着拼接牛仔喇叭裤和画着大笑脸的 T 恤去上班。这吓到了不少人，比方说那些穿着讲究的时装专业学生和公关们，但是罗密欧好像就喜欢我这样。"[6]更重要的是，这段经历让他认识到了新闻媒体的威力。"他（吉利）获得了这么多的关注，我想知道这是为什么。这跟他的设计没太大关系，主要是跟他这个人有关。任何能出名的人都是这样。人们对于衣服的兴趣永远排在对设计师的兴趣之后。当然，你也要确定自己是一个好的设计师……如果你连设计都不会，那这么多的炒作都是为了什么？"[7]

回到伦敦后，麦昆已经拥有了相当丰富的资历。他去见了鲍比·希尔森（Bobby Hillson）——中央圣马丁艺术与设计学院时装硕士课程的创建者，也是里法特·厄兹贝克（Rifat Ozbek）和约翰·加利亚诺等人的老师。"他来是（想）找一份教学生制版的教职，"她后来说，"而我们并没有职位空缺。我觉得他很有意思，而且显然也有惊人的天赋……十六岁离开学校，在萨维尔街做学徒，独自去意大利并在吉利那里找到一份工作——实在是太不可思议了。他的手艺也很棒，尽管他从没真正学过设计。而且经历了这么多，他才二十一二岁。"[8]

麦昆的导师、现在的时装硕士课程的系主任路易丝·威尔逊（Louise Wilson）表示，麦昆在这一年读书期间和其他同学没有太大的差别。"他和其他学生都差不多，"威尔逊回忆道，"我记得他喜欢穿卡拉汉（Callaghan），现在想想还挺好笑的。他很喜欢裁剪，对面料的理解也很深刻。他在意大利的经历让他了解到，特定的面料要搭配特定的廓形。他的案头工作不行，但善用三维立体的方式裁剪。他喜欢独自一人待在工作室里。他对一切都充满了兴趣，喜欢提问，比如说他会对一件在印度被钉上串珠的东西非常好奇，或是在打印室里不停地问问题。他充分利用了大学的一切功能。"[9]

1992 年，麦昆从中央圣马丁毕业，他的毕业作品的灵感来自开膛手杰克。威尔逊还记得他在市场营销报告中并没有呈现诸如预期销售额或是新开门店计划之类的老生常谈，而是从自己的家谱中追溯到维多利亚时代声名狼藉的连环杀手。麦昆与同学的毕业作品展示会在伦敦肯辛顿奥林匹亚的一个小剧场中举办，出席的人中有一位是伊莎贝拉·布罗，当时她还是一位自由职业造型师，当天她到场太晚了，不得不在台阶上找个位置坐下。尽管麦昆的作品并不是压轴出场的系列，但布罗还是一眼就看出它们的与

众不同之处。这位设计师（麦昆）笑着向我们描述"这个从此就纠缠上我的疯疯癫癫的女士"[10]，她甚至给麦昆妈妈家里打电话。众所周知的是，她买下了整个系列。尽管出身名门，布罗却并不富裕。她按周分期付款给麦昆，还自告奋勇地担任起他的非正式的公关代表、造型师和灵感缪斯。有一小段时间，麦昆还住进了她位于伦敦西南部伊丽莎白街的房子。这两个人就这样成了最好的朋友。

麦昆的早期作品留存下来的很少。他毕业后的第一个系列"出租车司机"（1993—1994 年秋冬系列）是在丽兹酒店里的一个衣架上展示的。那些看过这次展示的人还记得设计中的黑色乌鸦羽毛、复杂盘绕的黑玉串珠，以及一流的、紧身的裁剪，那一直都是他的设计中不可或缺的元素。那件臭名昭著的"包尻者"——无所顾忌的超低腰线正好卡在臀部上，麦昆对此的解释是为了拉长上半身的线条——也出现在这个系列中，尽管这条裤子在后来的"虚无主义"（1994 年春夏系列）、"女妖"（Banshee，1994—1995 年秋冬系列）和"群鸟"（The Birds，1995—1996 年秋冬系列）中才更加广为人知。到了他的第五场发布会"高地强暴"（1995—1996 年秋冬系列），麦昆所受的关注达到了顶峰。

破烂的、远远谈不上精美的蕾丝（用很低的价格从廉价面料供应商那里买来的），撕裂的苏格兰格纹，以及对女性身体的大肆暴露让这个系列引发了不少流言蜚语。尤其是那些自由派媒体，迅速把麦昆标记为利用女性迎合自己幻想的男同性恋设计师群体的最新一员。实际上，这场秀的灵感来自大英帝国对苏格兰高地施行的大屠杀，它是对设计师的血统、个人历史和心理状态的一种注解——就像他大部分的作品那样。麦昆后来解释说：

> 我们在这里讨论的不是模特们的个人感受，而是我的。这些都是关于我对于自己生活的感受。对我来说，苏格兰是一个残酷、寒冷、充满苦涩的地方。当我的高祖父住在那里时，情况甚至比现在的更糟糕。我很鄙视英格兰人在那里的所作所为，他们把一个个家庭赶出了自己的土地。我对于苏格兰怀着一腔爱国之情，因为我认为这片土地经受着不公正的对待。它对于全世界而言意味着，你知道的，该死的肉馅羊肚，该死的苏格兰风笛。但是没有谁给予它什么回报。我讨厌人们把苏格兰浪漫化，关于苏格兰的历史可没有什么浪漫可言。[11]

他认为人们出于一种错误的理由关注"高地强暴"系列，现在回想起来他也许说对了。作为一个受社会压迫的人民的坚定声援者，他这次对整个国家表达出了自己的这种情绪。无论如何，无可争议的一点是这场发布会让亚历山大·麦昆名声大振。

20 世纪 90 年代中期，大不列颠迎来了一波空前的创意狂潮。英伦摇滚蓬勃发展——绿洲乐队（Oasis）的《有人可能会说》（Some Might Say）是 1995 年的最畅销单曲。英国艺术也在国内外掀起热潮——因以福尔马林溶液浸泡奶牛、绵羊，当然还有鲨鱼标本而出名的达米恩·赫斯特（Damien Hirst）在同一年获得了透纳奖（Turner Prize）。麦昆也在时尚界领导了一场打破陈规的运动。对于这位设计师而言，潮流转瞬即逝的时尚产业和直观的 T 台展示都不是最重要的，他关注一种更广阔的文化视野。对他来说最重要的是激起观众情感上的反应，而不仅限于创造漂亮的衣服。

麦昆的第七个系列——"但丁"（1996—1997 年秋冬系列）——在斯皮塔佛德地区的一座教堂里发布。当模特们从过道走过，一个骷髅骨架占据了秀场前排最好的位置，紧靠着最大牌的时尚媒体。后来，还有不实报道声称这个地方不再被用于宗教目的。时任堂会理事的费伊·卡蒂尼在一封给《卫报》的信中写道："它（斯皮塔佛德基督教堂）没有，也从来没有被改作俗用。你们的记者假定（这一直是种危险的做法）作为宗教场所的教堂不会允许时装发布会在那里举办……麦昆的发言人（一位非常友好的女

"洋娃娃"，1997 年春夏系列

士）向我们保证过不会在教堂里做任何不合时宜的事情，也就是说，那些衣服会非常得体！无论如何，木已成舟。"[12]

信中提到的这位"非常友好的女士"是特里诺·韦卡德（Trino Verkade），她在"高地强暴"系列发布会之前不久开始为麦昆工作。"我早先就已经认识他了，他那时让我去给他做全职公关（代表），"她说，"但是出于我和李之间的交情，我什么都做。我记得我还给'高地强暴'做了舞台布景，当时还没有什么时装秀制作人。在工作中，他的要求非常高，他从来不想听到任何人跟他说'不'，他总是希望我们至少能试一试。我们都从李身上学到了这一点。"[13]

她确实尽力尝试了，无论是这场发布会，还是之后的许多次发布会，他们不断达成目标，实现了几乎不可能做成的事。"但丁"系列中的紧身胸衣、精湛利落的裁剪、轻浮而黯淡的丁香紫色丝绸和黑色蕾丝，以及印有唐·麦库林（Don McCullin）战地摄影作品的面料（并没获得麦库林的授权），让麦昆的模特们看上去跟庄重得体一点关系都没有。这算得上是一个很早期的例子，说明麦昆会为了达到目的不择手段。鉴于他胆大妄为的性格，这位初出茅庐的时装设计师能够吸引世界各地的观众来伦敦看他的发布会并不是件让人觉得惊奇的事。

尽管麦昆的设计越来越为人们所知，那段时期在媒体报道中却极少能见到他的照片，这让他显得更加神秘。实际上，他不愿被拍摄到的理由非常实际。虽然当时他已经出了名，却依然在霍克斯顿广场一间狭小的地下室里生活和工作，还从政府领取社会保障金。他解释说，不希望自己的照片出现在媒体上，是怕被认出来之后就没法继续领取社会保障金了。"当时我还在政府那里登记在册，"韦卡德说，"李也是。我们俩都没有收入。实际上，有的时候我还不得不掏钱。"[14]这同样也可以解释为什么这位设计师在公众场合一直用他的中间名"亚历山大"，而不是私下里人们所称呼的名字"李"。

无论如何，1996 年，麦昆引起了法国奢侈品集团 LVMH（Moët Hennessy-Louis Vuitton，酩悦·轩尼诗－路易·威登集团）总裁贝尔纳·阿尔诺（Bernard Arnault）的注意，阿尔诺在当年 10 月任命他为纪梵希的首席设计师。麦昆接替的是约翰·加利亚诺，后者在纪梵希待了一年后，转而去了规模更大的迪奥（Dior）。这一项任命无疑是极具争议的，但麦昆的平民出身可能算是一种有效的野路子的营销策略，至少有些评论家认为这个现象级的青年才俊也许可以带领当时已呈颓势的时装品牌走进 21 世纪。

"毫无疑问，他是过去四年里出现的最优秀的设计师之一，"在这项任命公布的当天，时尚历史学家卡特尔·勒布里（Katell Le Bourhis，她是通过伊莎贝拉·布罗认识麦昆的）表示，"他有一种强大的、原始的力量，也有非常丰沛的创造潜力。"[15]她作为富有远见的观察者之一，一眼就看出麦昆原始而黑暗的设计灵感加上纪梵希工作室里的能工巧匠，也许能碰撞出爆炸性的，甚至超凡的结果。

1994 年，麦昆遇见了造型师凯蒂·英格兰（Katy England）。他刚刚入职纪梵希时，她担任亚历山大·麦昆品牌的创意总监，同时她也和麦昆一起为纪梵希工作。"我们一起成长，"她后来说道，"我很高兴能在亚历山大·麦昆时装屋工作，我还以为我们的发展会非常缓慢和谨慎。突然纪梵希出现了，我简直无法想象我们以后会变成什么样。我还记得李和我两个人一起去巴黎做第一场秀的时候，没有别人帮助我们，我们还没有工作团队，我们只能尽力做到最好。但我一点也不后悔。一年为纪梵希做四场秀，同时还要为亚历山大·麦昆工作实在是一种珍贵的学习经历，学习设计的智慧、做造型的智慧。与此同时，当然，在工作室中和大家一起工作也是一件幸事。"[16]

对于麦昆来到纪梵希后首次设计的 1997 年春夏高级定制系列的评价毁誉参半。发布会后的第二天

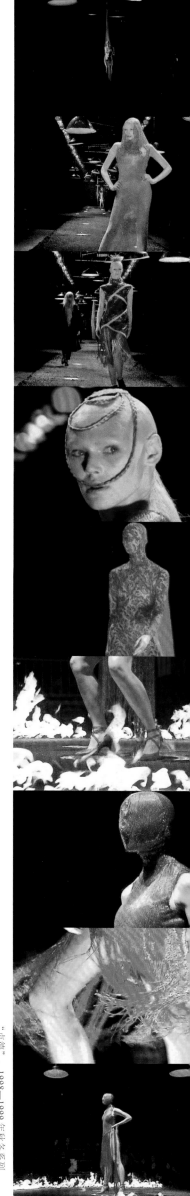

早晨，麦昆很反常地发布了一番对他来说极其谦虚的声明，作为对这件事的回应：

> 我今天有四项工作安排。我真的非常不安，因为我只能做自己，而高级定制也不是为街头的路人设计的。一条裙子至少要花两万英镑，这是为极少数人准备的。我的意思是，你从来没见过这些人，你从来不会被邀请去他们的晚宴。我只是为他们工作。我以前从来没有给时装沙龙工作过，但是我尽力做得不要太离谱……服装的结构和其蕴含的精湛技巧，就是高级定制的意义所在。我不想在你能看到的所有的东西上面做上刺绣，或者挥霍掉一卷又一卷的薄纱，这没什么意义。[17]

在接下来的四年半时间里，麦昆每年为纪梵希设计两季高级定制和两季成衣，他设计的高级定制服装尤其精细和美丽。然而他毫不掩饰的一点是，尽管他非常尊敬纪梵希工作室，但是对商业公司的运作却毫无兴趣，每个人都知道他的心思都在自己的品牌上。有了纪梵希付的工资，他的公司成长迅速，并搬去了艾姆维尔街的新办公室。他的发布会也越来越像在做装置艺术，而不像是那种显然出自本性的为了吸引消费者。在"无题"（*Untitled*，1998 年春夏系列）发布会上，他让模特们沐浴着金色的细雨，蹚过被染上颜色的水，走在一个悬空的由树脂玻璃制作的 T 台上。"贞德"（*Joan*，1998—1999 年秋冬系列）发布会上则有一个覆盖着熔岩的 T 台在熊熊燃烧。"瞭望"（*The Overlook*，1999—2000 年秋冬系列）发布会上刮着夸张的暴风雪，模特们踩着溜冰鞋，穿着豪华的提花面料的服装和皮草现身。和一支忠诚团结的团队一起工作，这位设计师不仅深感满足，同时也达到了其个人创造力的巅峰。

在秀场后台的工作人员经常被发布会上的展示所具有的情感力量深深打动，但是麦昆说他其实并不太理解为什么大家这么激动。只有一场发布会让他哭了出来——"第 13 号"（1999 年春夏系列），在这场发布会上，模特们像音乐盒里的玩偶一样站在旋转的圆形转盘上，身穿由轻木做成的短裙和缀满了水晶的连衣裙。发布会由前芭蕾舞演员莎洛姆·哈罗（Shalom Harlow）压轴，她翩翩起舞，身上白色的裙子被两台从一家意大利汽车厂买来的机器人喷上黄色和黑色的油漆。在这片奇景之中，你很可能会忽略残奥会冠军艾米·穆林斯（Aimee Mullins）——她在婴儿时期就接受了膝盖以下的截肢手术——戴着麦昆设计的手工雕刻木制假肢出现在了发布会上（在发布会之后的一个月里，不断有时尚编辑打电话想要借这双假肢去拍摄，他们以为这是一双特别的长靴）。发布会之前，麦昆担任杂志《惶惑》（*Dazed & Confused*）的客座编辑，作为创意和艺术指导拍摄了一组封面大片（凯蒂·英格兰担任造型师，摄影师是尼克·奈特），封面上是穆林斯和其他七个残疾人。

"我这样做是为了表明美来自内心。"麦昆这样解释这次拍摄背后的动机——这样的话从一个时装设计师的口中说出来似乎更有说服力：

> 你看所有的主流杂志，里面都是美丽的人，一直都是。但我不会用超模替换掉这些人。他们都赢得了很多尊严，而时尚圈并不是一个有很多尊严的地方。我认为他们真的都很美。我只是希望他们能像其他健全的人一样被对待……我估计人们会说我这样做是为了博眼球。他们总是这么说，说这种话很容易，他们会找到最浅薄的解释方式。我知道我有点挑衅。你不需要喜欢这组照片，但是你必须要认可它们。[18]

2000 年 12 月，麦昆把同名品牌 51% 的股份卖给了 PPR（Pinault Printemps Redoute，巴黎春天集团）旗下的古驰集团。尽管他们从来没有公开过具体的报价，但据估计，开价超过两千万美元。对此，这位设计师没有举办高调的聚会或是晚宴以示庆祝，而是去了布莱顿，和一位密友一起带着家里的几只狗在海滩上来了一次夜间散步。

如果有人以为麦昆同名品牌的巴黎首秀会是一次安安静静、规规矩矩的过渡之作，那他简直是大错特错。虽然发布会的场地不是那种伦敦观众们所熟悉的破旧的仓库空间，开场时出现的烟幕和带有色情意味的配乐还是把一部分出席者吓到发出了抗议。麦昆的批评者们表示，"疯狂的公牛之舞"（*The Dance of the Twisted Bull*，2002 年春夏系列）令人震惊，因为发布会在 2001 年 9 月 11 日的恐怖袭击后仅仅几天就举行了。麦昆一如既往地没有表现出丝毫的歉意。"我知道其他设计师改变了自己的日程，"他说，"但我不会。我不认为我们应该屈服于这样的事情，让我们面对它。当人们在五十年以后再回顾'9·11'事件，他们才不会对那时候时尚界的人在设计什么样的衣服感兴趣。在我看来，这两件事情之间没有丝毫的关联。时尚永远不需要政治正确，否则就不可能出现革命性的设计。我一贯如此。"[19]

麦昆忠实于自己，延续着这样的作风。有了相对来说比较坚实的基础，亚历山大·麦昆这一品牌扩展到了男装、配饰、眼镜和香水领域，并且在纽约、伦敦、米兰、拉斯维加斯和洛杉矶都开设了旗舰店。公司总部则搬至伦敦克勒肯威尔路上一幢五层楼的建筑里，整幢楼外部都装着闪闪发亮的铝和玻璃。这位设计师一方面一直关注着品牌的商业化发展，另一方面又始终把注意力放在女装系列和女装的发布会上，这两者都变得越来越复杂而精巧。麦昆确实从在纪梵希的工作经历中学到了很多，并且更加明白先锋的裁剪手法和面料的革新所具有的发展潜力。在这个阶段，他的作品所表现出的精致几乎完全掩盖住了它背后那股造就它的横冲直撞的能量。

如今，很少有设计师需要亲自负责打版，麦昆却能蹲在工作室的地板上，在几分钟之内单手剪出一件衣服。他的团队——以莎拉·伯顿为首，她从 1996 年就开始在幕后默默工作，而在此之前她也是中央圣马丁的一名学生——在他身边形成一个紧密的包围圈，传递着面料、剪刀、粉笔之类的东西。这个过程看起来简直像是一场精心编排的舞蹈，整个过程中，麦昆罕见地一言不发。剪开面料时需要纯熟的技巧和高度集中的注意力，然后他会用同样灵巧的方式把成品别在与他合作多年的试衣模特波利娜·卡希纳（Polina Kasina）身上。如果衣服比预想中更复杂，有需要的时候，设计师还会绕着卡希纳转悠上几个小时，不断研究，不断完善细节。

2008 年，他与芭蕾舞团首席女舞者西尔维·吉扬（Sylvie Guillem，又译作希薇·纪莲）合作，为芭蕾舞剧《雌雄同体》（*Eonnagata*）设计戏服。这是一出由剧作家、戏剧导演罗伯特·勒帕热（Robert Lepage）与编舞师罗素·马利芬特（Russell Maliphant）合作完成的即兴作品，这出舞剧的灵感来自身为法国外交官和间谍的骑士迪昂（Chevalier d'Éon）的生平故事，他的前半生是一个男人，而后半生则以女人的身份生活。对于和麦昆合作的这段经历，吉扬后来这样说：

> 在试衣时麦昆很认真，但同时我们也会欢笑，有很多欢笑。其中有那么一瞬间特别令人难忘。亚历山大正在给罗素做一件戏服，这件戏服本该让人联想到非常黑暗、非常负面的特质——一个反面角色。罗素穿着这件衣服，亚历山大说："这还不够邪恶。"他说："给我一些面料，给我一把剪子。"然后他就当着我们的面剪出了一件新的戏服，这大概只花了三分钟。这太快了，而且做得完美。然后他转过身对我说："现在，你觉得如何？"我不知道该说什么。"太棒了。天才。"[20]

说到底，时装发布会是深入了解麦昆的最佳途径。秀场最主要的功能是发布新一季的服装，同时它也是一种行之有效的营销手段，用来更广泛地宣传时装屋的品牌价值观。麦昆当然深谙此道。更重要的是，他也需要利用时装发布会来把自己最纯粹、最大胆的灵感付诸实践。"它们（发布会）对他而言非常重要，要比在报纸上呈现出来的重要得多。"珍妮特·菲施格朗德（Janet Fischgrund）说。她与麦昆相识于 1993 年，一直为他做一些非正式的工作，直到 1997 年成为他的公关总监。"他做到了没有人做

过的事情。当然，在举办发布会时他也会关注那些基本的要素，但是发布会对他而言更大的意义是让他作为一名艺术家尽情发挥。除此之外，一切都没有那么重要。即使他知道他想做的事不会带来商业上的好处，他还是会那样做。对于李来说，一切都围绕着发布会来转。我不确定人们对于李在这方面的热情了解到什么程度，对他来说，灵感是重中之重，而时装就是他挥洒灵感的画布。"[21]

"如果不确定发布会是什么样的，他简直无法开始设计衣服。"萨曼莎·盖恩斯布里（Sam Gainsbury）说，她从"千年血后"（*The Hunger*，1996 年春夏系列）开始为麦昆制作时装发布会。尽管后来麦昆给她的预算放宽到了几十万英镑，但她还记得自己第一次筹备发布会时麦昆总共只给了她六百英镑。不过无论预算多少，帮麦昆办秀都是一个极其困难，回报也极其丰厚的任务。"有时候，我们甚至一连试到第十五个计划，不断研究和尝试，即使我们知道这个计划不怎么可行，也不会放弃尝试。从某种意义上来说，这是在等待时机。时机到了，他就会蹦出一个灵感，那个合适的灵感，确定下来，然后我们皆大欢喜。之后，一切就都顺风顺水了。在发布会前两天，他会完成一切工作，然后开始忙下一个发布会。再过一个礼拜他又会跟我说：'你一定会喜欢这个主意。'然后我们又要开始下一轮的忙碌了。"[22] 麦昆本人说过：

> 我需要灵感。我需要有什么可以激发我的想象，而这些发布会给了我这样的动力，让我可以对手头的工作兴奋起来。如果你在设计的时候想着这是一门要赚钱的生意，或者脑袋里装着潜在的客户，那这个系列肯定设计不好。你会失去推动你的创意……我希望人们能认识到时尚就是这样的。我们在这里就是做这个的，这也是我们为什么如此独特的原因。我们是独一无二的，没有谁能做出我正在做的事情。我花了十五年才确定自己要作为一个设计师，完全明白我的设计是非常个人化的。我不认为我是为了观众席上的人而设计的。我是为了那些在发布会后从出版物上，从报纸和杂志上看到照片的人设计的。我用设计剧照的方式来设计发布会，你看了照片便能知道它讲述的整个故事。[23]

同时，你也会明白这些是什么样的故事。比方说，麦昆和舞蹈家兼编舞迈克尔·克拉克（Michael Clark）合作完成的"解脱"（*Deliverance*，2004 年春夏系列）——以 1969 年西德尼·波拉克（Sydney Pollack）导演的电影《孤注一掷》（*They Shoot Horses, Don't They？*）为灵感——想要表达的是破碎的希望和梦想，人们以尊严为代价对资本的徒劳追求，以及相信名望、金钱或阶级可以带来更好的生活这一信念的落空。

"在给这场发布会带来灵感的电影中，不同的社会阶层被放在了同一个屋檐下，"麦昆说，"我们生得平等，死得也平等。这些人都在为同样的目标而奋斗：生存。"通过两条缀着金属亮片的连衣裙，他用一种非常诗意的方式阐述了这个观点：

> 开场的是一条闪闪发亮的银色连衣裙。而压轴出场的舞者也身穿一模一样的裙子，只不过上面点缀的亮片变得黯然无光。当裙子变得黯淡，就有更多的人可以理解它。如果你穿着第一条裙子出场，无形中就把自己和其他人隔绝开了；但如果你穿着第二条裙子，人们便可以接纳你。我发现那种只可远观的好莱坞式的魅力会让人们疏远你，而那与我的生活也毫无交集。要记得你自己是从哪里来的。第二条裙子有一种完全不同但是更加真实的美感。[24]

"卡洛登的寡妇"（2006—2007 年秋冬系列）重温了"高地强暴"系列的主题。"我需要做一些贴近自己心灵的事情，"麦昆说，"我想从一切的关键出发，而这个关键就是我的祖先。我对苏格兰了解甚多——我的妈妈是一名系谱学家，而我也了解自己的家谱，了解我所处的年代。"这场发布会也证实了他的衣服就像是一种摄人魂魄的铠甲，可以赋予你力量，改善你的生活。就像麦昆解释的那样："从根本上说，这个系列奢华而浪漫，同时也忧郁而严肃。它是温柔的，但你也能从中感受到寒冷的侵袭，就像是冰触碰着你的鼻尖。这个系列带来的感觉清楚、明晰，每个人都可以理解它。利用裙撑并收紧腰部，我想要尝试打破一切廓形的限制。我想夸张地呈现女人的形体，我几乎沿着古典雕塑的线条来表现它。"于他而言，这样的衣服最能呈现时装的美感与独特性。

> 我认为高级定制现在有非常重要的意义。时装设计不应该被抛弃。我还记得我刚入行的时候，曾从当时邦德街上的华伦天奴（Valentino）专卖店外经过，惊奇地欣赏着那些服装的设计。当时我还在萨维尔街工作，大概是 1985 年，那些衣服像是奇迹一般，振奋人心。我认为人们在 20 世纪 90 年代不知怎的不再关心细节，这个系列的设计便是希望达到过去的那种精致程度，每一件单品都是独一无二、充满感情色彩的。我希望能创造出可以像传家宝一样代代相传的衣服。我希望人们可以再次从衣服里获得欢乐。[25]

随着时间的流逝，麦昆越来越不愿意对外界敞开自己，无论是关于私生活还是关于工作。在很大程度上而言，这是环境造就的结果。他希望人们因为他原本是个怎样的人而尊重他，相信他，而不是因为他变成了怎样的人。在发布会结束后，当其他的设计师们老老实实地留在后台跟各路时尚编辑打招呼，重复着必不可少的客套话和对自己作品的阐释时，麦昆则钻进一辆等候多时的车，几秒钟之内就逃之夭夭了。如果他答应了要出席什么颁奖典礼、开幕式或是派对，也很有可能会在最后一分钟取消行程，留在家里，和少数几个他的旧相识待在一起。他们会围坐在一张艾伦·琼斯（Allen Jones）设计的带一点色情意味的桌子旁边吃晚饭，周围是麦昆那些数量迅速增长的艺术品收藏——其中包括查普曼兄弟（Chapman Brothers）、萨姆·泰勒－伍德（Sam Taylor-Wood）、乔－彼得·威金和弗朗西斯·培根（Francis Bacon）的作品。

尽管在物质财富方面，这位设计师的生活发生了巨大的改变，但他依然对地位或是礼仪毫无兴趣，他在意的是更简单直接的沟通。"在很多社交场合，他都感到很不自在，"菲施格朗德说，"但是对他来说，和其他人接触的方式非常重要。就算你是全世界最顶尖的时尚摄影师，如果他和你没有接触过，那他就不会对你感兴趣。李毫不顾忌什么是得体的，什么不是。大部分中产阶级人士从小就被教育要注意自己说话的分寸，但李对此毫不在乎。他可能会说出非常粗野的话，但是出于他的身份、他的权势，人们不得不听着。"[26]

在这一切虚张声势之外，这位设计师也有着明显表露其脆弱的时候。当然，朋友和家人都注意到了这一点：天性中极其敏感的一面让麦昆的生活变得格外艰难。英格兰曾说：

> 李是一个相当自闭的人。他非常内向，只愿意听从和信任很少数的几个人。是的，是他自己把自己给隔绝了起来，孤立了起来。一直会见陌生人，赶赴晚宴，接受采访，被人拍摄，这带来了巨大的压力。你把自己搭了进去，你必须公开自己个人生活的细节，我觉得他再也不想这么做了。当然，他有黑暗的一面，但也有非常浪漫的一面。李就是这样一个浪漫的人，他有这些梦想。他一直在寻找爱，不是吗？他一直在寻找爱，他的关于爱和浪漫的灵感远远超出了现实世界。我不知道有没有人意识到这一点。[27]

韦卡德也证实麦昆变得越来越孤僻。"我觉得李显然是变得更内向了，最后他只能忍受身边有很少的几个人。但是在创造力这方面，他却没有任何改变。从一开始，他就需要清楚自己能在多大程度上

"游戏而已"，2005 年春夏系列

掌控局面, 能在多大程度上推动自己和身边团队的工作进程。他总是会看着我们, 问: '你到底是不明白哪一点？'他总是这么说。这让我们觉得自己很蠢, 但不知道为何, 在他身边觉得自己很蠢也是一件令人觉得骄傲的事情。"[28]

而在他自己看来, 这位设计师常常怀念不用肩负这么多责任的岁月。他的成功就像一把双刃剑, 在很多方面解放了他, 又在另一些方面束缚了他。一方面, 各种投资让他可以实现自己最狂野的想象; 另一方面, 这也带来了必须取得商业成功的压力。当被问到以前是否曾想象过自己的事业会发展成现在的样子, 他说: "并没有。当我回想往事, 我很高兴能够做那些时装秀, 很高兴能像一个行为艺术家一样工作。我总是希望能够无拘无束地办秀。刚开始的时候, 我甚至从来不会卖掉我的设计。我是故意这样做的。这一切就像是一种宣言, 能够发表这种宣言对我来说非常重要——至今依然如此。"[29]

2007 年 5 月 7 日, 在与身体和精神两方面的疾病斗争了很长一段时间之后, 伊莎贝拉·布罗自杀了。麦昆是她的朋友中唯一拒绝对此发表评论的人, 但是布罗的去世显然给他造成了巨大的打击。他用自己唯一擅长的方式来面对这件事, 就是为她献上一场发布会——"蓝色夫人"(*La Dame Bleue*, 2008 年春夏系列)。他如此满怀深情地谈论起自己对布罗的怀念:

> 伊莎贝拉走了。这个系列是华丽的、奢侈的, 这关于她的思考方式, 正是这种思考方式为时尚带来了光明。即便是处于低谷, 她也能用穿着振奋自己。我和伊莎贝拉度过了最好的时光。我还记得和她一起去毛里求斯那次, 我潜水回来, 那时候气温大概有 100 华氏度(约合 37.8 摄氏度), 而她站在海滩上, 从头到脚穿了一身亚历山大·麦昆, 还戴着菲利普·特里西的帽子。还有那次我们坐在泳池边, 她还是那样的装扮。我曾很多次想过她为什么会穿成那样, 也许她穿那些是因为它们让她觉得自己像个女神。当她穿戴整齐, 她就是个女神。她总是能办到这一点。她穿成什么样我都不会觉得意外, 我觉得这很正常。所以, 这是一个关于伊莎贝拉的系列, 一个关于穿上之后就能改变你的衣服的系列。[30]

在麦昆剩下的岁月里, 他只来得及完成四个新的系列。它们是麦昆职业生涯中最精彩的系列中的几个, 甚至就是最精彩的那几个, 一并展现了他广博的阅历和卓越的思考。

在"住在树上的女孩"(2008—2009 年秋冬系列)的发布会中, T 台中央的一棵包裹在丝绸薄纱之中的树引人注目, 树的原型据麦昆说是他那位于东萨塞克斯郡费尔莱特湾旁边的乡舍花园里的一棵大榆树, 这座乡间住宅是他深爱的避世桃源。很少有人会意识不到这个故事所蕴含的自传意味: 一位公主从纷乱的树枝上爬下来, 捡起被丢弃的衣服, 把它改成黑色基调的、拼缝起来的哥特风格华服。当这位公主遇见自己的王子, 她的衣服一下子变得多彩并用上了更奢华的材料: 深红色的天鹅绒、白色的鼬皮, 还有银色和古金色的部分。她所佩戴的珠宝的设计灵感来自英国宫廷首饰。"自然的差异, 非自然的选择"(*NATURAL DIS-TINCTION UN-NATURAL SELECTION*, 2009 年春夏系列)是出于对人类忽视自然环境的批判。从这个系列开始, 这位设计师尝试创作从自然中获取灵感的定位印花, 自然世界一直令他着迷。

"丰饶角"(*The Horn of Plenty*, 2009—2010 年秋冬系列)是一次对于时尚行业的尖刻讽刺, 设计师把它形容为"一次足以让自己遭到驱逐的冒犯"[31]。这个系列对麦昆工作的时尚世界中人们所推崇的、看起来无法实现又乏善可陈的理想进行了坚定的批判。这种批判有多么令人不敢直面, 这个系列就有多么阴郁而美丽。

麦昆的最后一个系列"柏拉图的亚特兰蒂斯"（2010 年春夏系列），按照他自己的话来说，"相反于达尔文的进化论"，这里有一个水下的敌托邦，经过杂交产生的人类在这里生活，"我们都来自海洋，而现在借助干细胞技术，我们必须要回到海里，以谋求生存"[32]。如果说这是他最具野心的想法之一，那么对这个想法的实行则更加气势惊人。未来主义风格的机器人不仅记录下了身着越来越具超自然感与挑战性的服装的模特们的动态，同时也记录下了观众们如痴如醉的神情。"我一直热爱自然，"麦昆说，"而这还真有趣。"[33]他就这样最后一次介绍了自己的设计灵感，一如既往的没有就其中的深意多做解释。

2010 年 2 月 2 日，乔伊斯·麦昆去世。仅仅一周之后，在 2 月 11 日，麦昆自杀了。当时他四十岁。

麦昆对于历史——特别是美术和手工艺的历史——的热爱以及对于引领时尚走向未来的热望，可能在他去世前正在设计的这一系列中达到了巅峰。这个由莎拉·伯顿和亚历山大·麦昆的设计团队共同完成的系列，就是他们对于自己导师的无限热爱的证明。

麦昆的 2010—2011 年秋冬系列的灵感直接受他最喜爱的几位古代大师——希罗尼穆斯·博斯（Hieronymus Bosch）、雨果·凡·德尔·格斯（Hugo van der Goes）和让·富凯（Jean Fouquet）——的作品、格林林·吉本斯（Grinling Gibbons）的木雕，以及极尽奢华、金光灿烂的拜占庭风格的激发。为了对这位已故的设计师表达敬意，这个系列没有在 T 台上办时装秀，而是在弗朗索瓦·皮诺（François Pinault）名下一座 18 世纪的优雅别墅之中展示，每一次只能容许不超过十人参观。

该系列借鉴的所有画作（包括其中的细节）都被设计师用数码方式捕捉，而后依照服装单品的设计被织入提花，或被做成定位刺绣，整个过程展现出了强大的专业技术。其中的剪线（fil coupé）缎纱由麦昆在"柏拉图的亚特兰蒂斯"系列中首次使用。这个系列中也有在纤薄面料上手工缝制的精致刺绣与受祭坛装饰启发的金属线和宝石。一套压轴的服装上覆盖满了镀金的羽毛，这让人回想起麦昆少年时期便产生的对于有翼生物的迷恋。

在我们的想象中，飞翔代表着释放和自由，这也会让人想起天使，他们淘气、随意摆布人而危险、高贵、正直而真实。对于所有认识亚历山大·麦昆的人而言，他只是比天使更世俗一些，而他的想象力——黑暗而光明，极度悲观又格外乐观——升至了一个充满勇气和美感的高度。

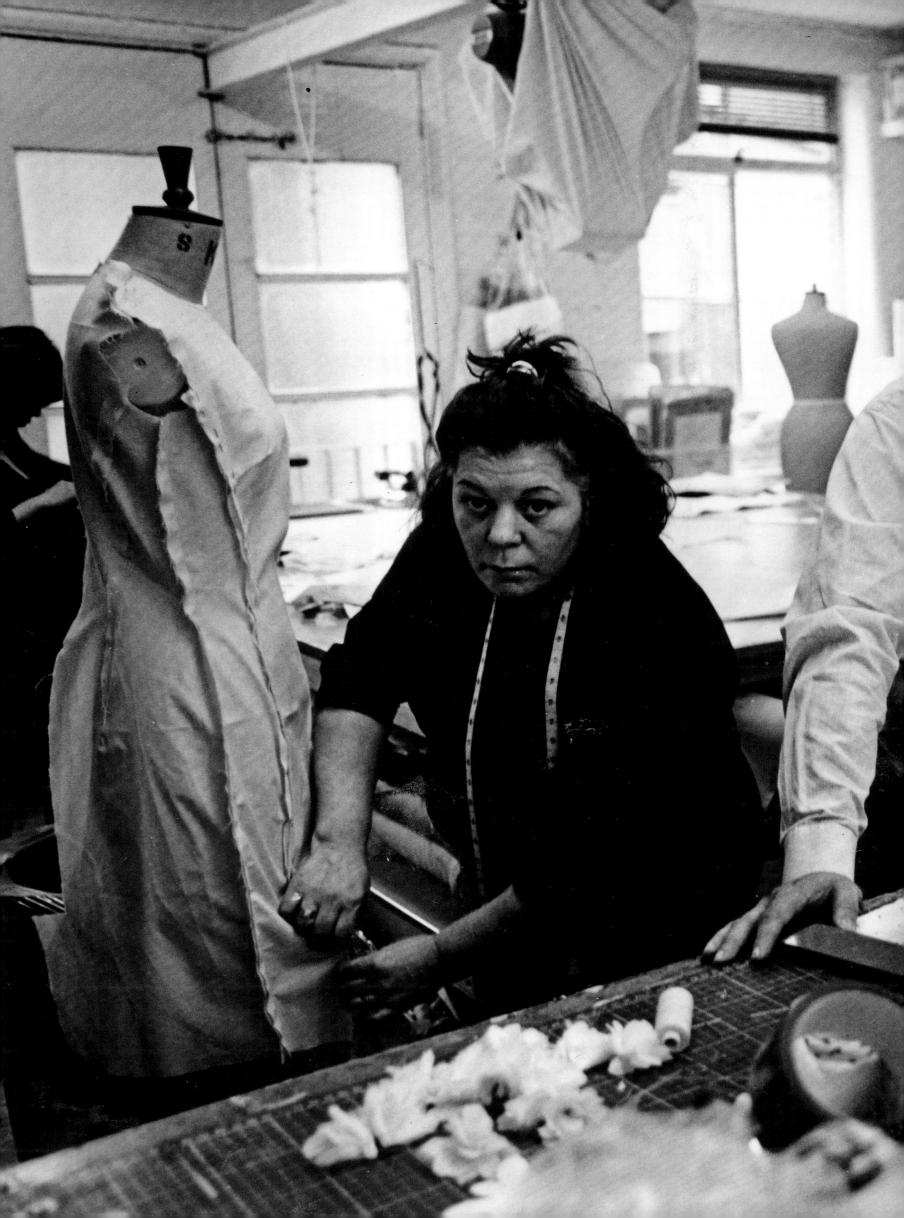

"你要先懂得规矩，然后才能打破它们。这就是我在这里做的，我要破坏这些规矩，同时保持传统。"

"我花了很长时间学习设计服装结构，在你想要解构衣服之前，学会这一点很重要。"

"我想成为某种廓形或是裁剪方法的创造者，这样的话，等我死了以后，人们就会知道，21世纪的潮流是由亚历山大·麦昆一手开创的。"

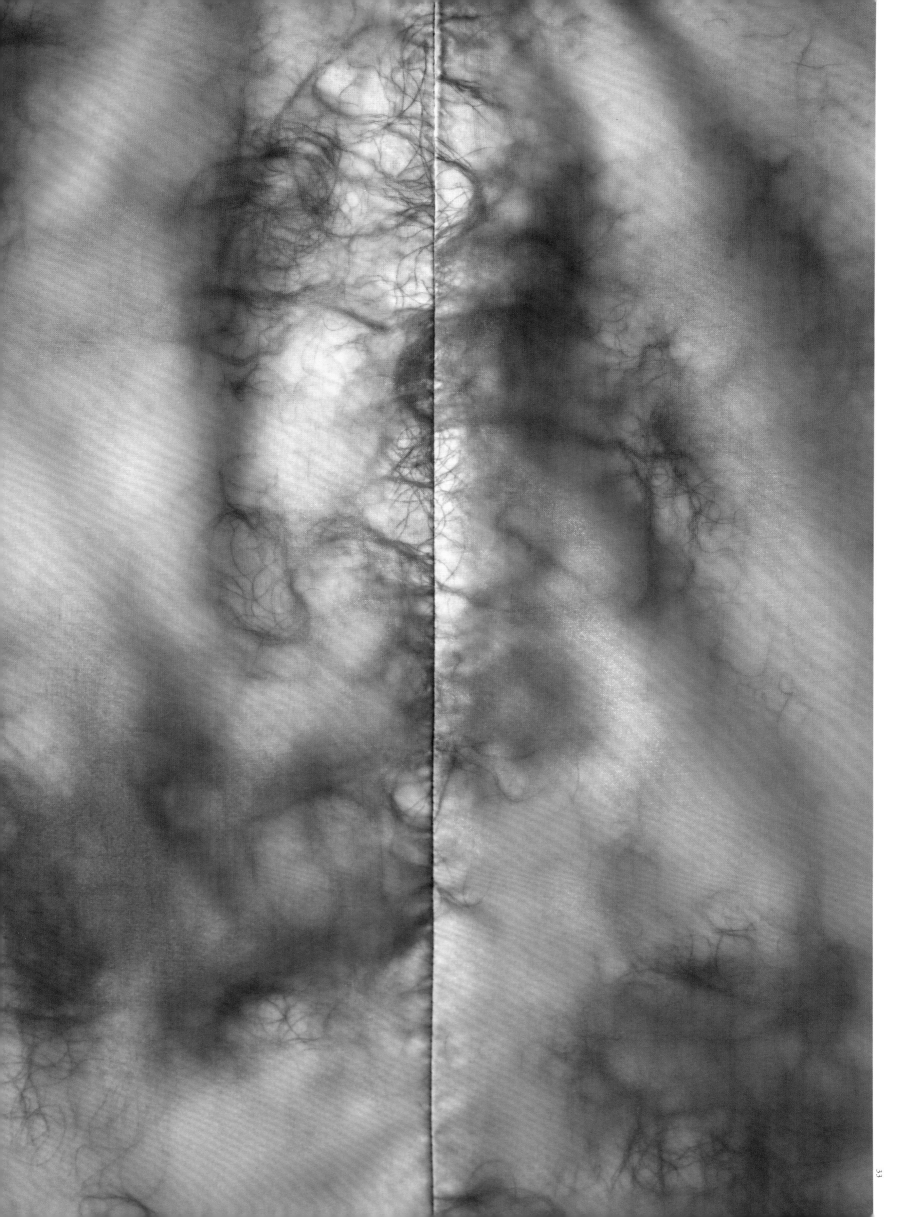

"关于头发的灵感来自维多利亚时代，那时候的
妓女们会把头发做成发束卖掉，人们把它买来送给
情人。后来我把头发嵌入有机玻璃，作为个人标志。
在最早的几个系列里，我用的是自己的头发。"

"（我从身体的侧面开始设计，）那里是看整个身体的最差的角度。从所有的赘肉、S 型的背部曲线一直到臀部，一览无遗。这样我就能设计出适合身体各个部分的裁剪方式、比例和廓形。"

"通常我会在试衣的过程中完成设计。我会修改裁剪方式。"

"（通过裁剪，我尽可能地）让一切臻于完美。我要强调和夸张的身体部分将取决于这一系列时装的设计灵感和设计参考，以及我需要打造的廓形。"

"我喜欢把自己想象成一个拿着手术刀的整形外科医生。"

"对我来说，人的蜕变有点像是做了整形手术，但变化没那么剧烈。我试着用我的衣服实现同样的效果。但最后，我改变的更多的是心态而不是身体。我就像科学家一样，通过发掘当下的热点，预见未来的趋势，不断尝试和变革时尚风格。"

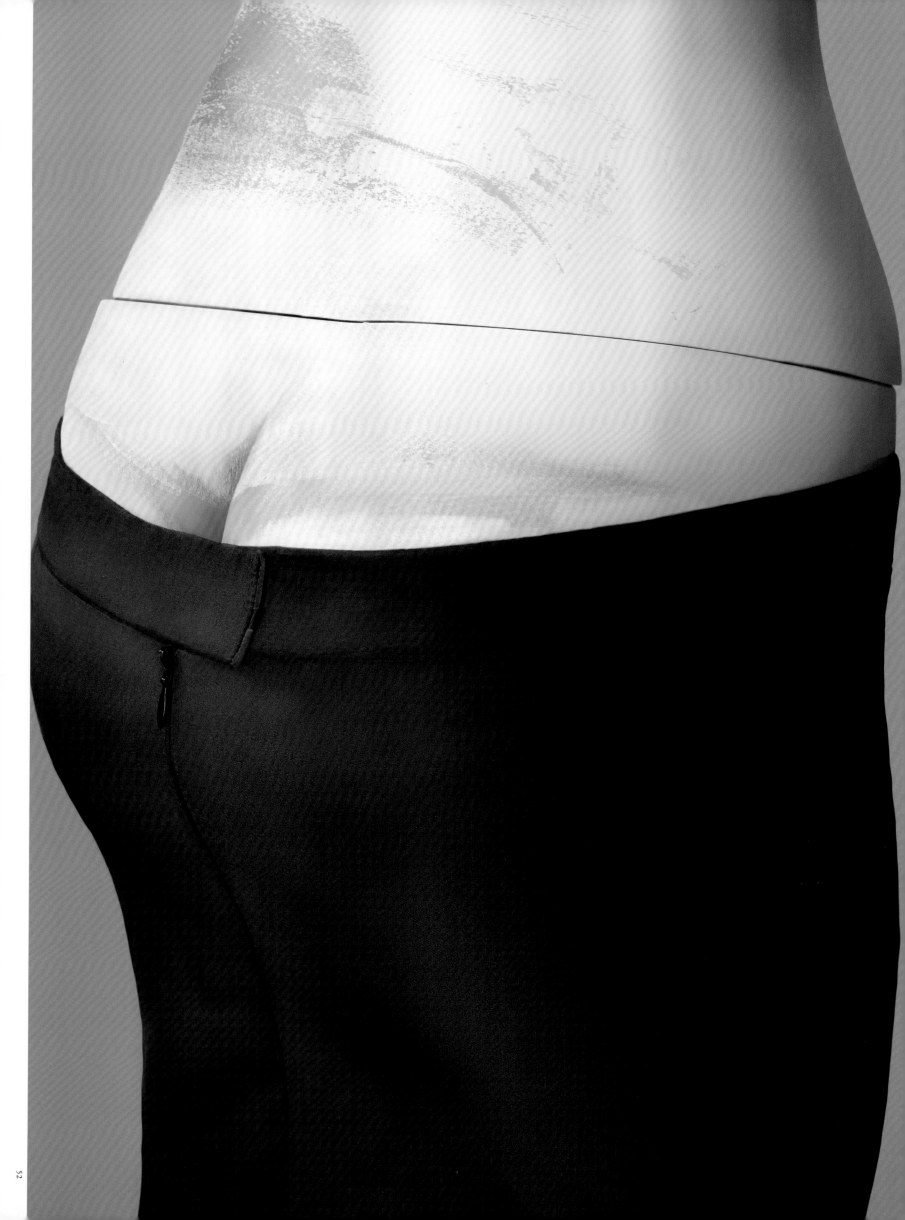

"我想（用'包屁者'）拉长身体的线条，而不仅是为了露出臀部。对于我来说，那一部分身体——不是臀部，而是脊椎的末端——是人们身上最性感的部分，无论是男人的还是女人的。"

"这简直就是一种艺术，仅仅通过裁剪就能打造更长的躯干，改变女性的样貌。而我要把这一点做到极致。这些女孩看起来异常凶狠，就是因为她们的上半身很长而下半身很短，这都是因为腿的长度的缘故。"

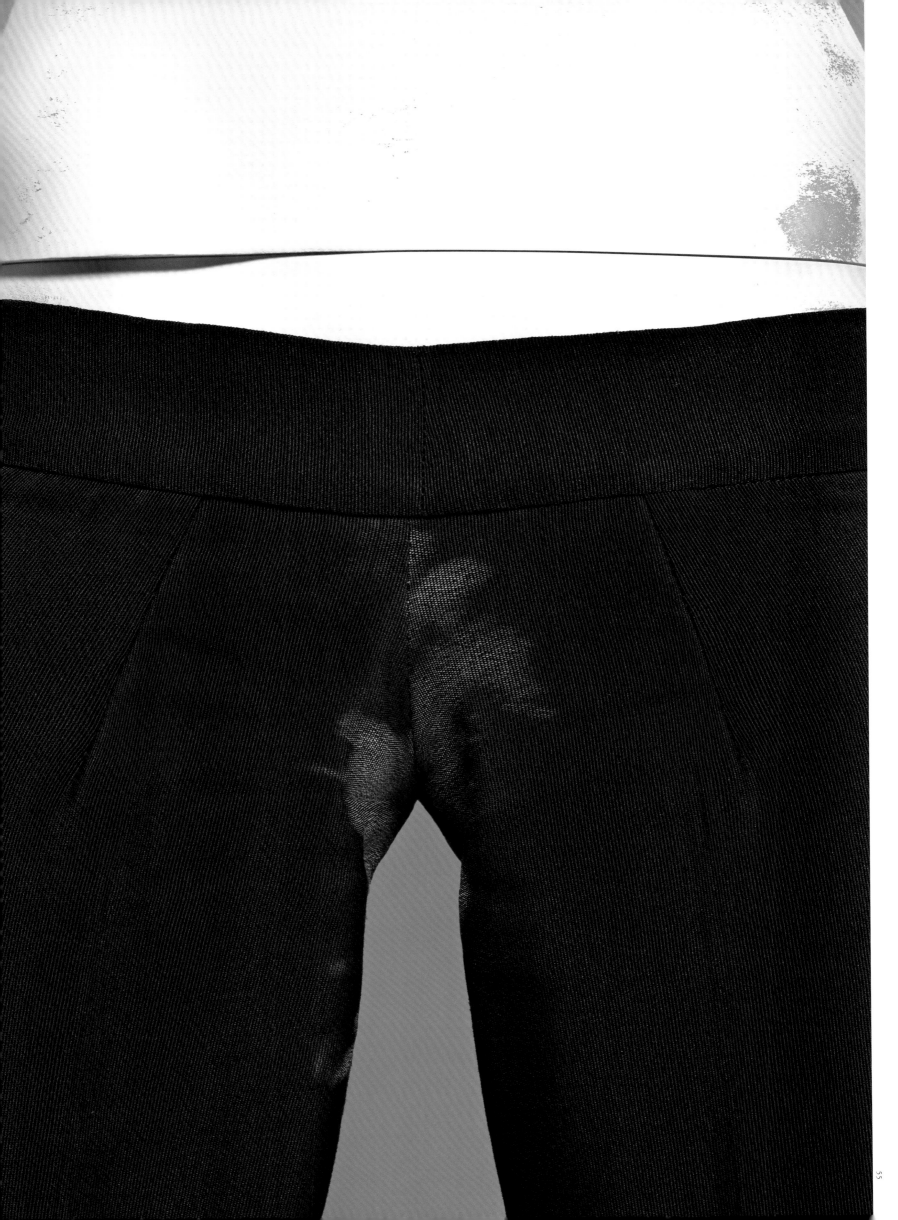

"有评论写道，这些（表链）是卫生棉条……

这甚至不算是恶意的，只是恶心。"

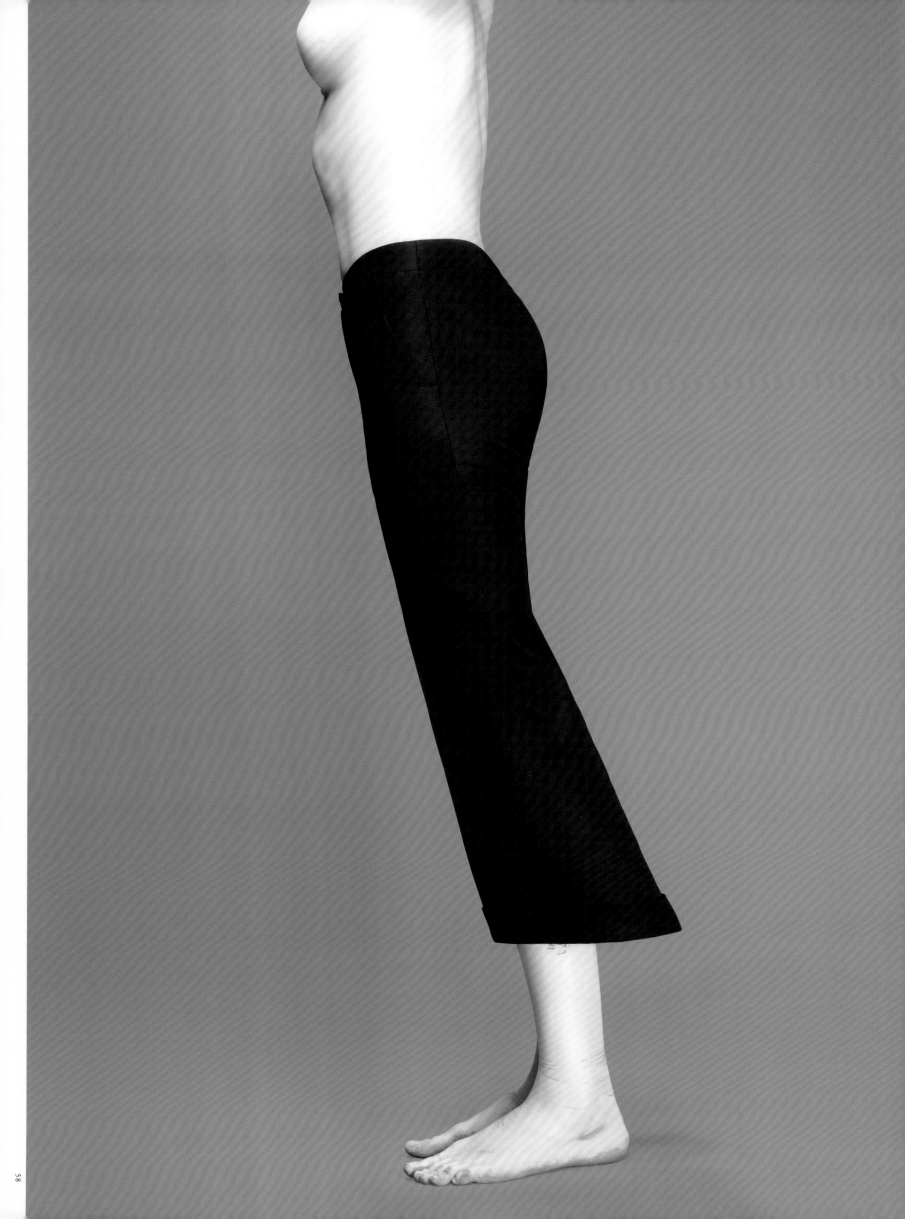

"我希望赋予女性力量。我希望人们会畏惧穿着我设计的衣服的女性。"

"当你看到一个穿着麦昆的女人时，这衣服所带有的冷酷气质会让她看起来充满力量。这种气质有点会让旁人退避三舍。"

"这几乎就像是给女人穿上盔甲。这样的打扮与人类的心理有着密切的联系。"

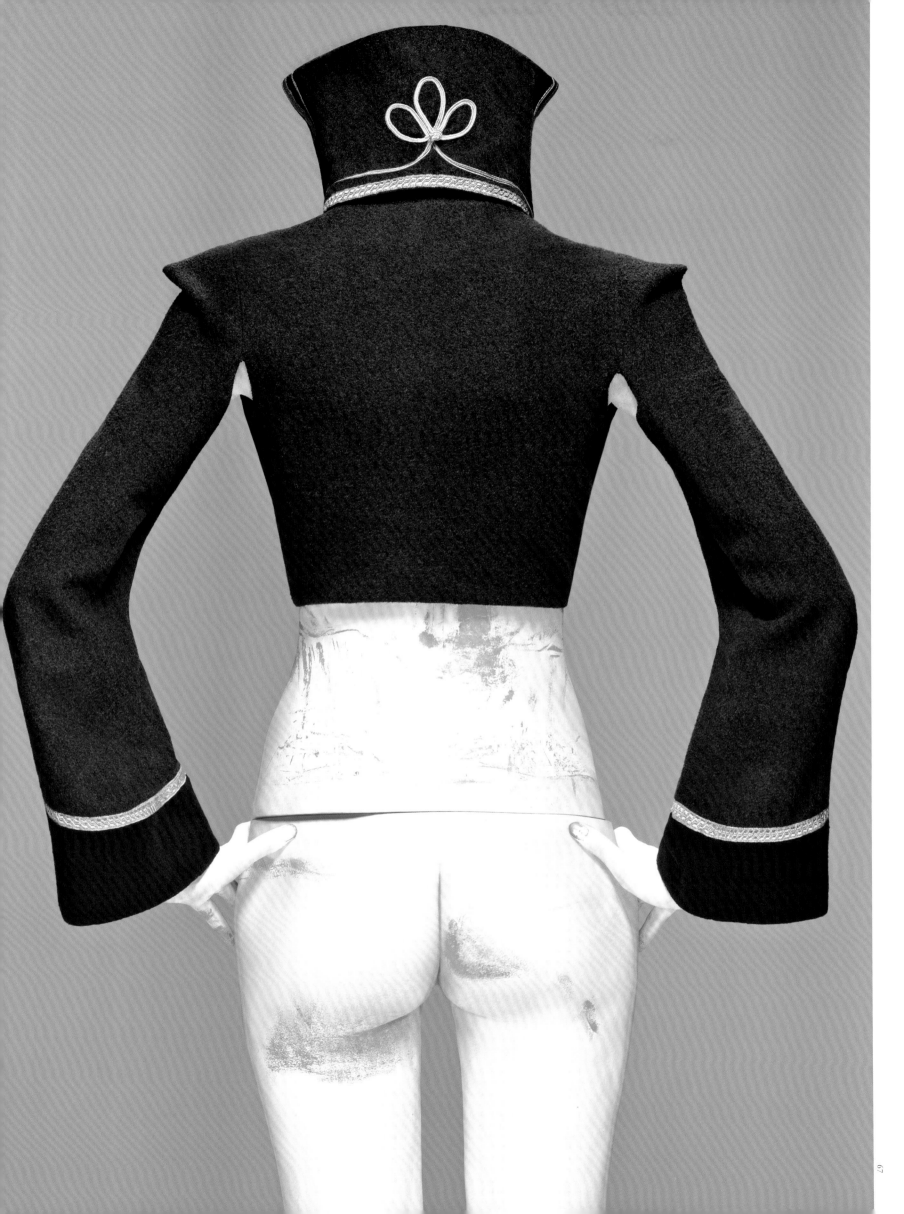

"有时候人们觉得我的设计富有侵略性。但我不觉得这是侵略性。我把它看成一种浪漫，一种处理人性黑暗面的方式。"

"我在生死之间、悲喜之间、正邪之间，不断游走。"

"我关注的是人们内心的想法，那些人们不愿意承认也不愿意面对的东西。这些时装秀都关于埋藏在人们灵魂深处的潜意识。"

"注视死亡很重要，因为死是生的一部分。死亡是阴郁的、悲伤的，但同时也是浪漫的。它是一个循环的结束——万事万物都有一个结束。生命的循环是积极的，因为死亡为新生事物让出了空间。"

"每一层肌肤下面，都有血在流淌。"

"（在这个系列中，）我幻想出这个疯狂的科学家，他把女人大卸八块，然后再随机地拼接在一起。"

"我不会像街头的普通人一样思考。有时候我的想法非常的离经叛道。"

"我认为一定存在潜在的性取向。时装必须具有叛逆精神。浪漫的脆弱表象之下是别有动机的。就像是《O 的故事》（*Story of O*，1975 年）那样。我不是很喜欢看到女人天真无邪的样子。每个人都有堕落的一面，无论是阴郁的还是'施虐－受虐狂'的。我觉得每个人都有一个隐藏得很深的性取向，有时稍稍利用这一面——有时对此大加利用——以做伪装是挺不错的。"

"这个系列的灵感来自蒂姆·伯顿（Tim Burton）。

开头非常的黑暗，但之后变得越来越浪漫。"

"对我来说，生命有点像是格林（兄弟）的童话。"

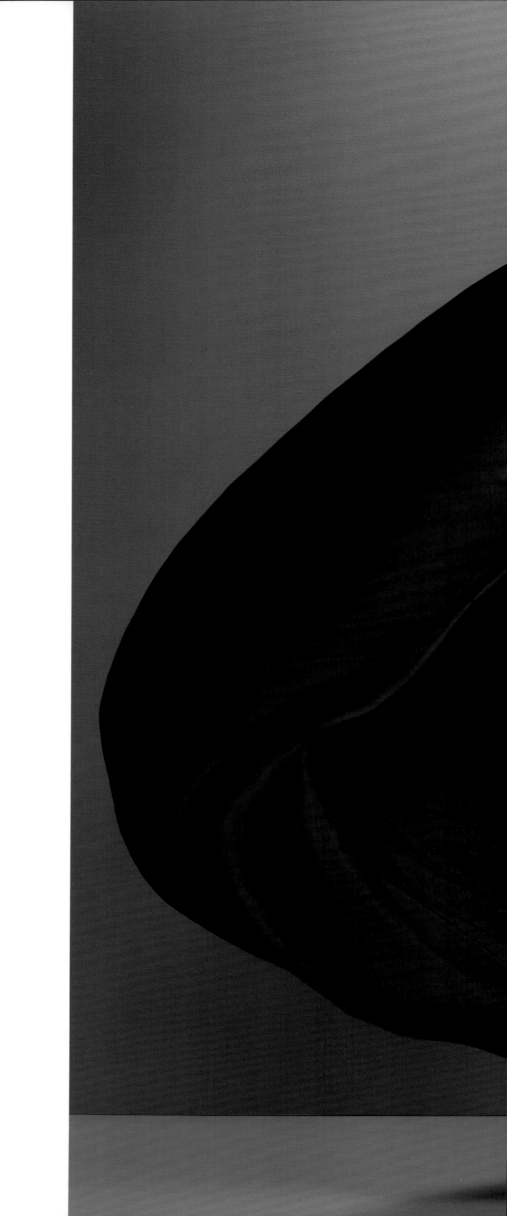

2010—2011 年秋冬系列

　　"我非常热爱佛兰德斯绘画大师的作品中冷酷、严峻的禁欲气息，也很喜欢都铎王朝和詹姆斯一世时期的肖像画中的那些与死亡有关的描绘。"

　　"对我来说，我所做的就是将自己的感受进行艺术化的表达。时尚只是表达的媒介。"

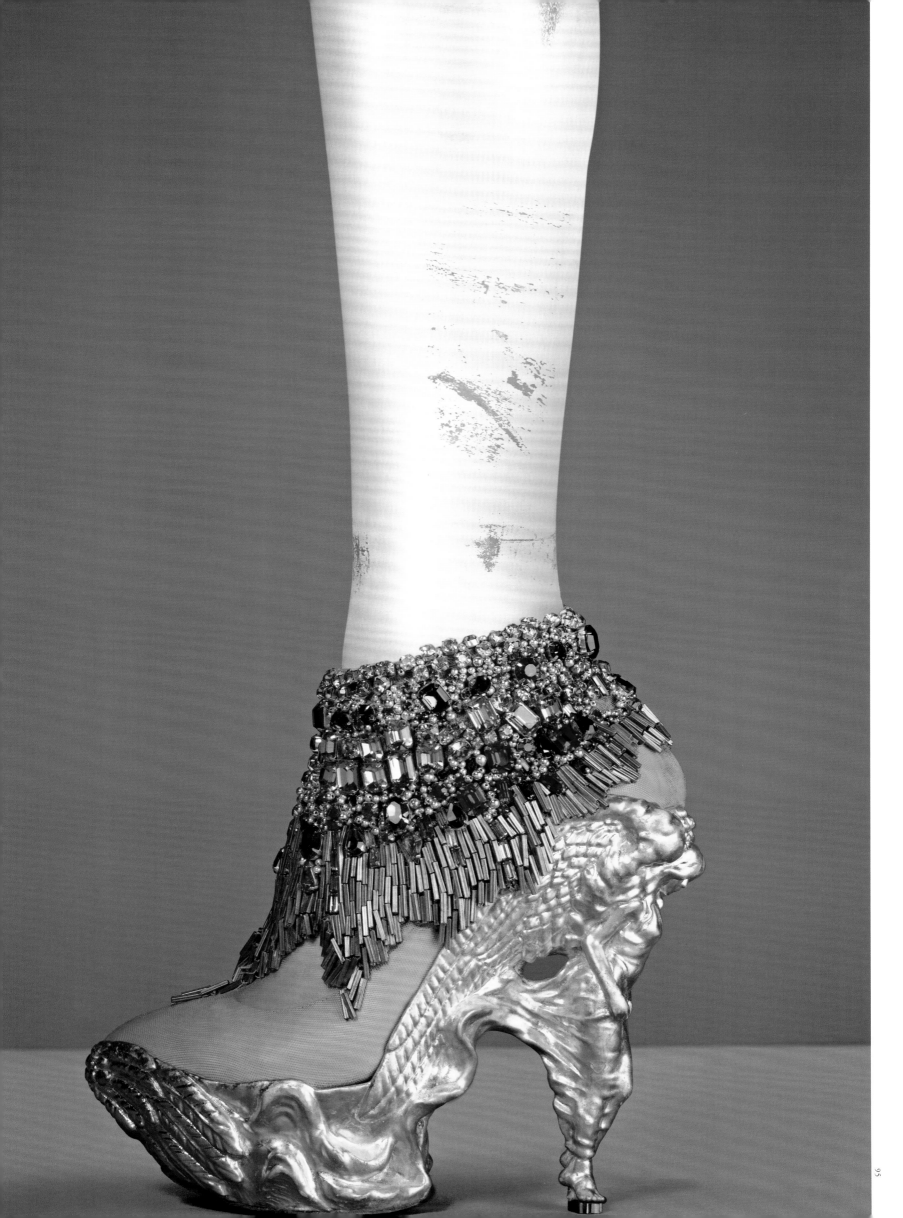

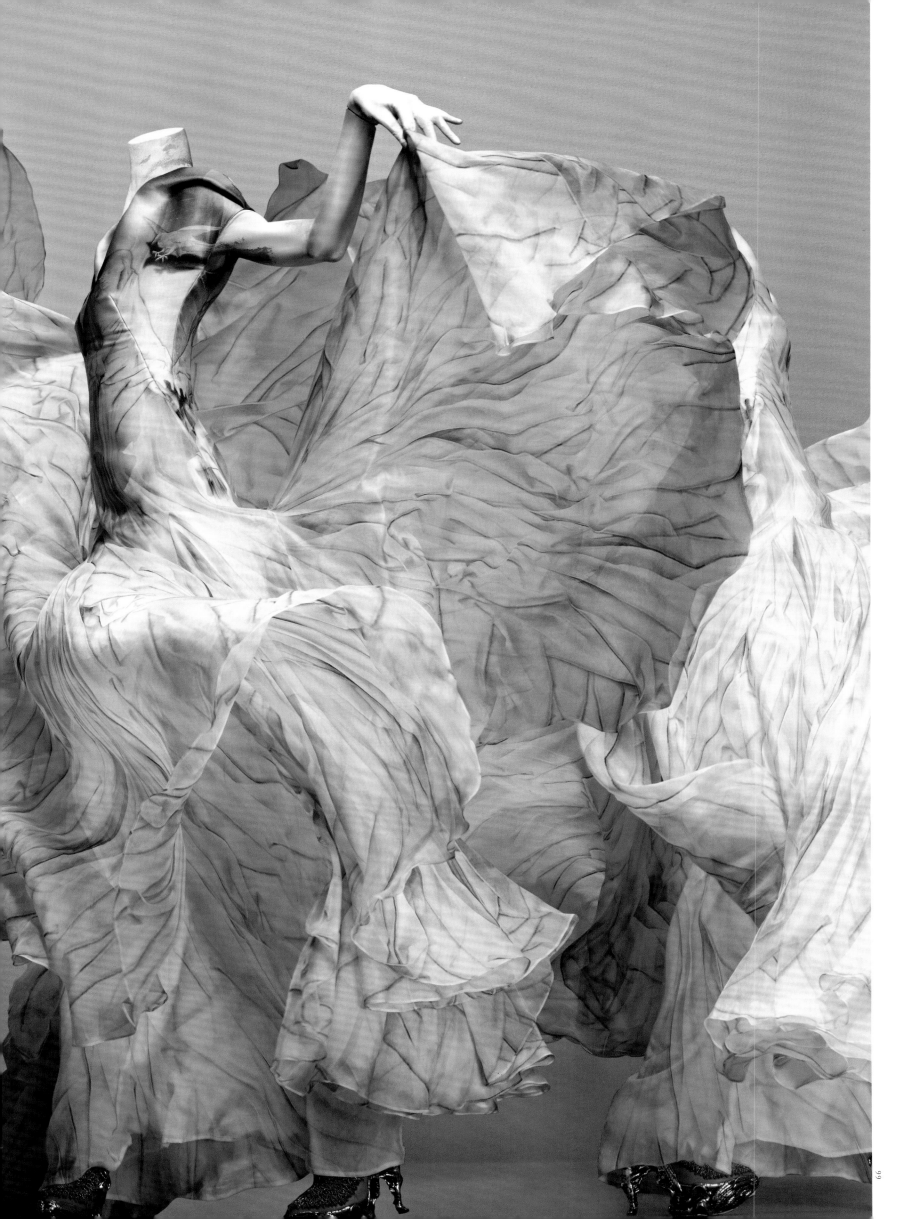

"对我来说，苏格兰是一个残酷、寒冷、充满苦涩的地方。当我的高祖父住在那里时，情况甚至比现在的更糟糕。我对于苏格兰怀着一腔爱国之情，因为我认为这片土地经受着不公正的对待。它对于全世界而言意味着……肉馅羊肚……风笛。但是没有谁给予它什么回报。"

"（这个）系列是……浪漫的，同时也忧郁而严肃。

它是温柔的，但你也能从中感受到寒冷的侵袭，就像是

冰触碰着你的鼻尖。利用裙撑并收紧腰部，我想要尝试

打破一切廓形的限制。我想夸张地呈现女人的形体，我

几乎沿着古典雕塑的线条来表现它。"

"人们在20世纪90年代不知怎的不再关心细节，

这个系列的设计便是希望达到过去的那种精致程度，

每一件单品都是独一无二、充满感情色彩的。我希

望能创造出可以像传家宝一样代代相传的衣服。"

"我非常热衷于了解新闻，有时候你会觉得自己不能再接受更多的战争、更多的灾难，你想提醒自己，这个世界上还有美的存在。（在这个系列中，）我想展现我的作品中更富有诗意的一面。这一切都关于……一种悲伤的感受，它富有电影感。我在忧郁中发掘美。"

"从艺术到流行音乐，英国在世界上有可能存在的每个领域里都总是引领着潮流，这甚至从亨利八世时期就开始了。人们来到这个国家，垂涎我们珍贵的遗产。这个国家有好有坏，但世界上再也没有第二个地方像这里一样。"

"在激发人们的灵感方面，这算得上是世界上最好的地方……这个国家的混乱无序一定能让你受到启发。"

"在设计的时候，我会试着传达（我）脑海中的某个女人的形象，这个形象每一季都会发生戏剧性的变化。"

"（在这个系列中）她是一只住在树上的野生生物。当她决定要下到地面时，她就变成了一位公主。"

"我的灵感并不（来自某个具体的女性）……它们更多地来自过去的女性，像是凯瑟琳大帝（Catherine the Great）或是玛丽·安托瓦妮特（Marie Antoinette）。还有那些劫数难逃的人，如圣女贞德或科莱特（Colette）。那些标志性的女人。"

"高地强暴"，1995—1996 年秋冬系列

"（这个系列）是对英格兰设计师发出的抗议……做的是炫目的苏格兰服装。我父亲的家族起源于斯凯岛，我也研究了苏格兰动荡不安和遭受大清洗的那段历史。人们愚蠢地认为这个系列的主题是被强暴的女人——虽然"高地强暴"正是关于英格兰对苏格兰的强暴。"

"（这个系列中）大部分的服装都是用面料店剩

下的碎布头做的。我觉得我自己一个人几乎承包了

大部分的工作。"

ROMANTIC EXOTICISM

浪漫异国风情

"在展现这个我们生活的世界时，我想尽可能的

诚实一点，但有时我的政治理念会体现在我的作品

中。时尚有时候的确是种族主义的，它把其他文化

中的衣服当成奇装异服……这种观念很平常，也很

陈腐。让我们打破一些隔阂吧。"

131

"（在这个系列中）国际象棋这个概念表现在六

种不同类型的女人身上，她们扮演对垒双方。在这

里，美国女郎对阵日本女人，红发的苏格兰人对阵

皮肤黝黑的拉美人。"

"沃斯"，2001 年春夏系列

"（这个系列的）理念是让人们转过头去审视他们自己。我想让他们去想想这个问题：我是不是真的像我看起来那么好？"

"这场秀的秀场设置在一个巨大的、由双向镜做成的盒子里。在时装秀开场之前，观众的影像被倒映在玻璃上，而在秀开始之后，模特就不能看见玻璃盒子外面的景象了。"

"这些美丽的模特在房间里走来走去，然后突然之间，一个跟美丽没什么关系的女人出现了。我想要捕捉某种并不具有传统意义上的美的事物，以此来表明美来自内在。"

"我和我的朋友乔治在诺福克郡的海滩上散步，那里散落着成千上万的（蛏子）贝壳。它们实在是太美了，我想我必须用它们做些什么。就这样，我们决定用它们来做（一条裙子）……海滩上的这些贝壳已经失去了它们本身的利用价值，所以我们把它们移作他用，做成了一条裙子。艾琳·欧康纳（Erin O'Conner）穿着这条裙子出场，又当场毁掉了它，这样，那些贝壳就又变得没用了。说实话，时尚也正是如此。"

浪漫原始主义

ROMANTIC PRIMITIVISM

"（我试着）改变廓形。改变廓形相当于改变了

我们对于自己模样的看法。我所做的就是去研究古

代非洲部落和他们的着装方式，还有他们的穿着打

扮所具有的仪式性……这个系列包含了很多部族文

化的元素。"

"我喜欢时髦中带一点传统的东西。"

"我笃信历史。"

"动物……强烈地吸引着我，因为你能从它们身

上发现某种力量、能量和恐惧，这跟性很像。"

"整场秀看起来就是围绕着汤氏瞪羚来做的。这可怜的小东西——那些斑纹真可爱，它有着深色的眼睛，身体侧面白色、黑色、褐色相间的斑纹，还有那对角——是非洲食物链中的一环。它们一生下来就相当于死了，我的意思是如果你够幸运的话，能活上几个月，在我看来人类的生命差不多也是这样的。你知道，我们都很容易就完蛋了……前一秒你还在那里，下一秒你就没了，外面的世界就像是一片危险的丛林！"

"（我们用了）大量的真皮。动物真皮，但都（是）

副产品。没有动物（是）因为皮毛被杀死的，人类杀

它们是为了肉。这场秀的名字（是）……对动物和人

类的一种调侃。二者都很恶心，而且很相像。"

"变形"，2003 年春夏系列

"我是一个浪漫的精神分裂症患者。有些人可能会觉得我在这个春夏系列中表现得更温柔了一些，但这种温柔在我的作品中一直存在。你可以说我的作品中有一种埃德加·爱伦·坡式的浪漫情愫——不是那种特别外露的情感，而那就是我的个性。我一直都很多愁善感，很浪漫，然而不是每个人都能看出这一点。"

"在（纪梵希）工作室工作的经历对我的事业至关重要……因为我是裁缝出身，不是太理解什么叫做柔软，或者轻盈。我在纪梵希学会了制造轻盈感。我曾是萨维尔街的裁缝。在纪梵希，我学会了使服装变得柔软。对我而言，这是一种教育。作为一名设计师，我很有可能会忽视这些，但在纪梵希的工作让我掌握了我的手艺。"

"我认为高级定制现在有非常重要的意义。时装设计不应该被抛弃。"

"我从来都没想要做批量生产。由于我接受的是裁缝的训练，我在作品中都注入了非常多的爱和心意，这就是为什么我的很多衣服都是在伦敦手工制作的。这可不是为了在秀场上让观众们惊叹一下，这是因为我爱这样。"

"我一直热爱着大自然的奥妙，我的设计灵感多多

少少都来自大自然。"

"我深深地着迷于飞翔的鸟类。我喜欢老鹰和隼。

鸟类和它的颜色、花纹、好像脱离了重力般轻盈的样

子，还有构造，都给我带来灵感。它简直太精致了。实

际上我曾试着把这种鸟类的美呈现在女人身上。"

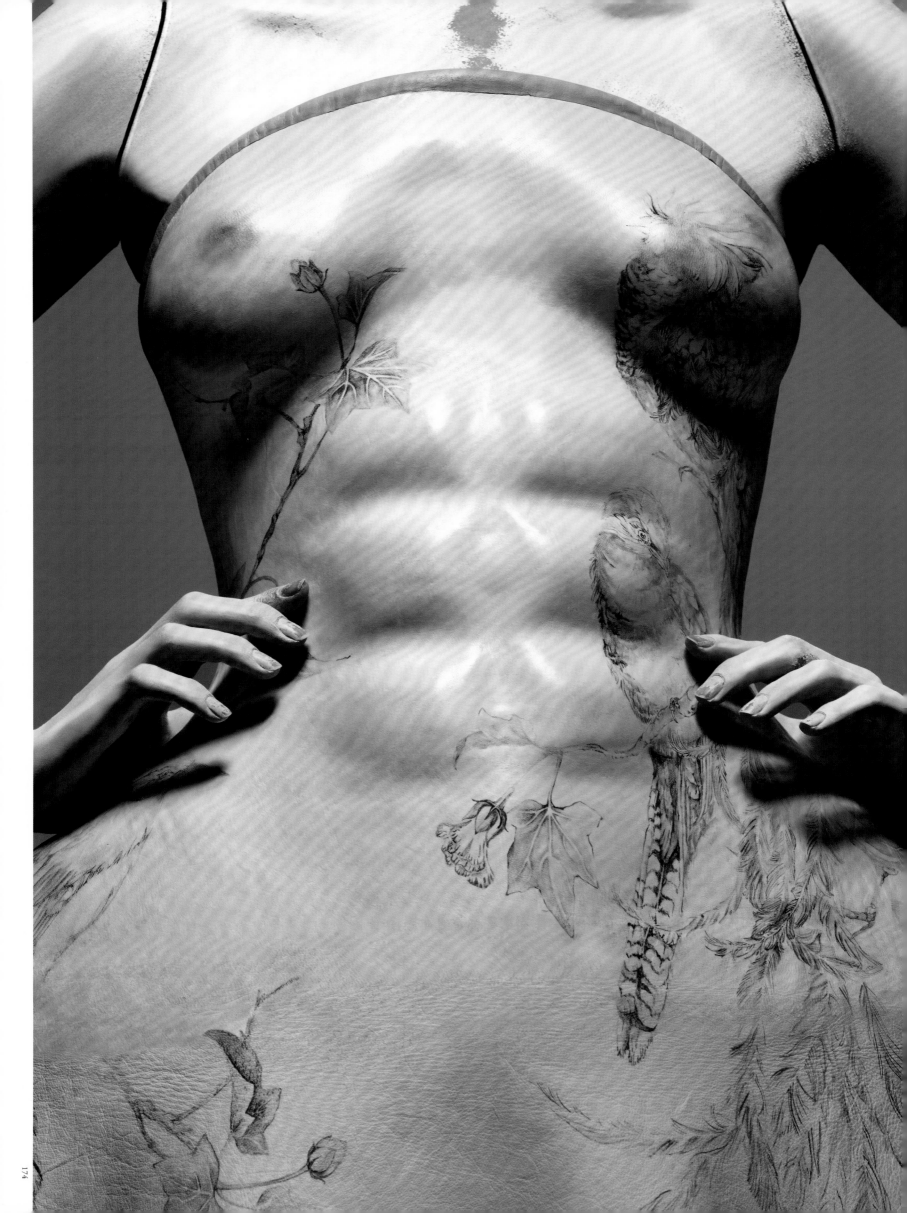

"女人就应该有女人味。纸片人可没有性别。"

"我喜欢在臀部加上衬垫的效果，因为它们不会让衣服看起来很老派，而是……更肉欲的。就像是丰乳肥臀的黛安娜女神雕塑。这让衣服看起来更具母性，更女性化。"

"当我们给模特戴上鹿角，再盖上我们之前做的刺绣蕾丝，我们不得不让鹿角刺破这块价值两千英镑的东西。但是这样的效果很好，看起来就像是模特用头上的鹿角撞破了这块蕾丝。我们这里常有这样的即兴发挥。你得允许这一切在我的时装秀上发生。"

"我喜欢（这个系列中）被洗褪了色的颜色、朱利亚·玛格丽特·卡梅伦（Julia Margaret Cameron）、手绘的维多利亚风格绘画。你看，这不是真正的黑色，这是灰色。这也不是真正的白色，这是被弄脏的白色。还有这种粉色，像是脸上的腮红。"

"还记得萨姆·泰勒－伍德作品里那些腐烂的水果吗？这些东西都会腐烂……我使用花朵是因为它们会凋谢。那时我有着阴郁的浪漫心绪。"

"柏拉图的亚特兰蒂斯", 2010 年春夏系列

"（这个系列预言了一个未来世界, 在那里）冰盖融化……海平面上升……陆地上的生命不得不演化, 以便再一次回到海中生活, 否则就要灭亡。……人类（将）回归很久之前居住过的海洋。"

"我没有退路了。我要带你踏上你意想不到的旅程。"

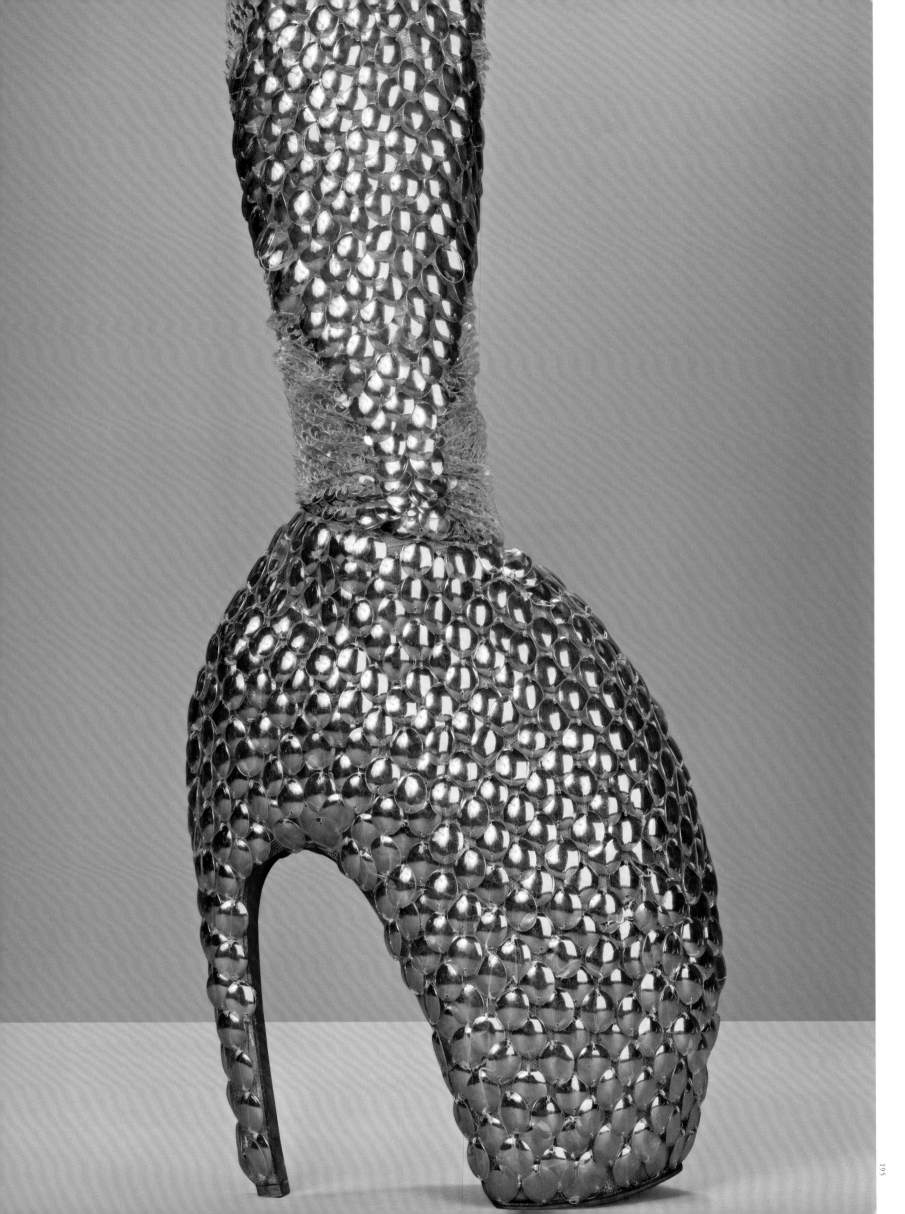

珍奇柜

CABINET OF CURIOSITIES

"美可能来自最奇怪的地方，甚至是最恶心的地方。"

"我更关注那些丑陋的东西，因为其他人很容易就会

忽视它们。"

"我尤其喜欢这些带着点'施虐－受虐狂'意

味的配饰。"

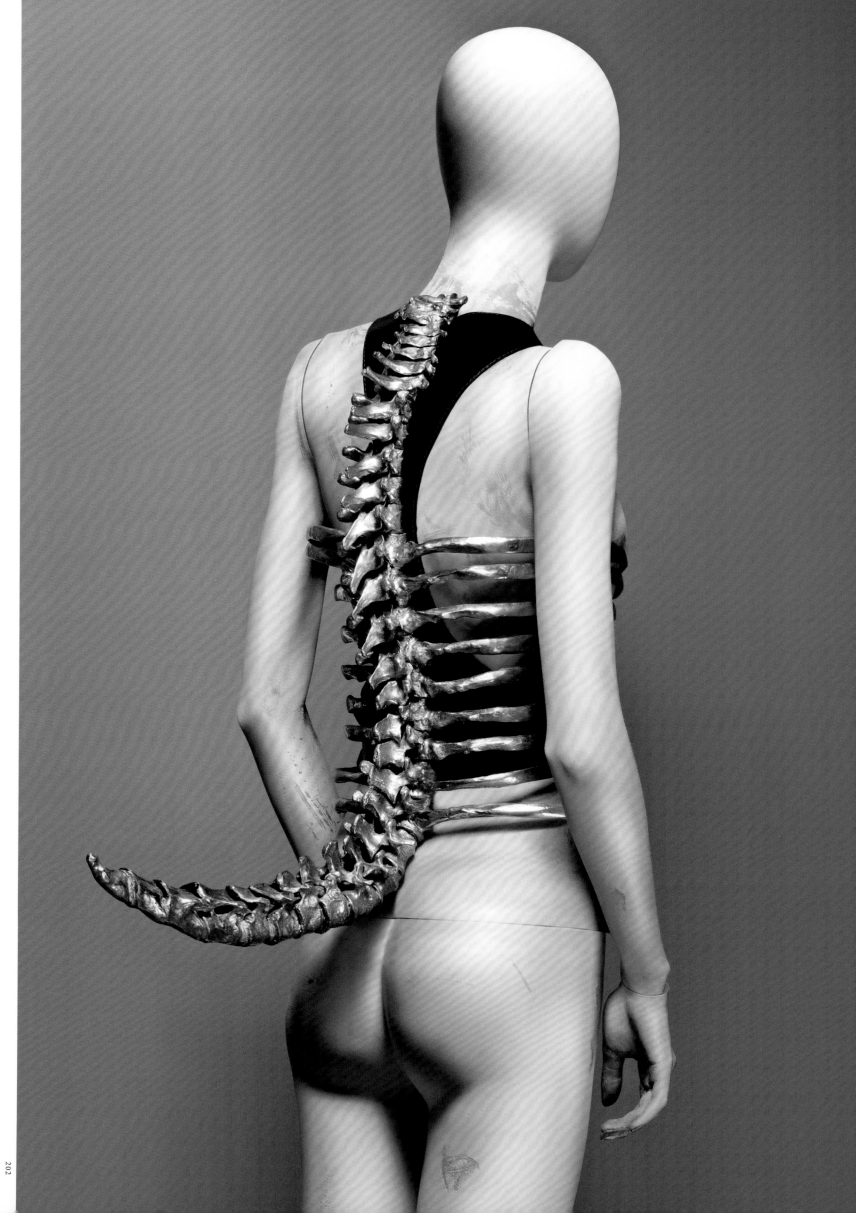

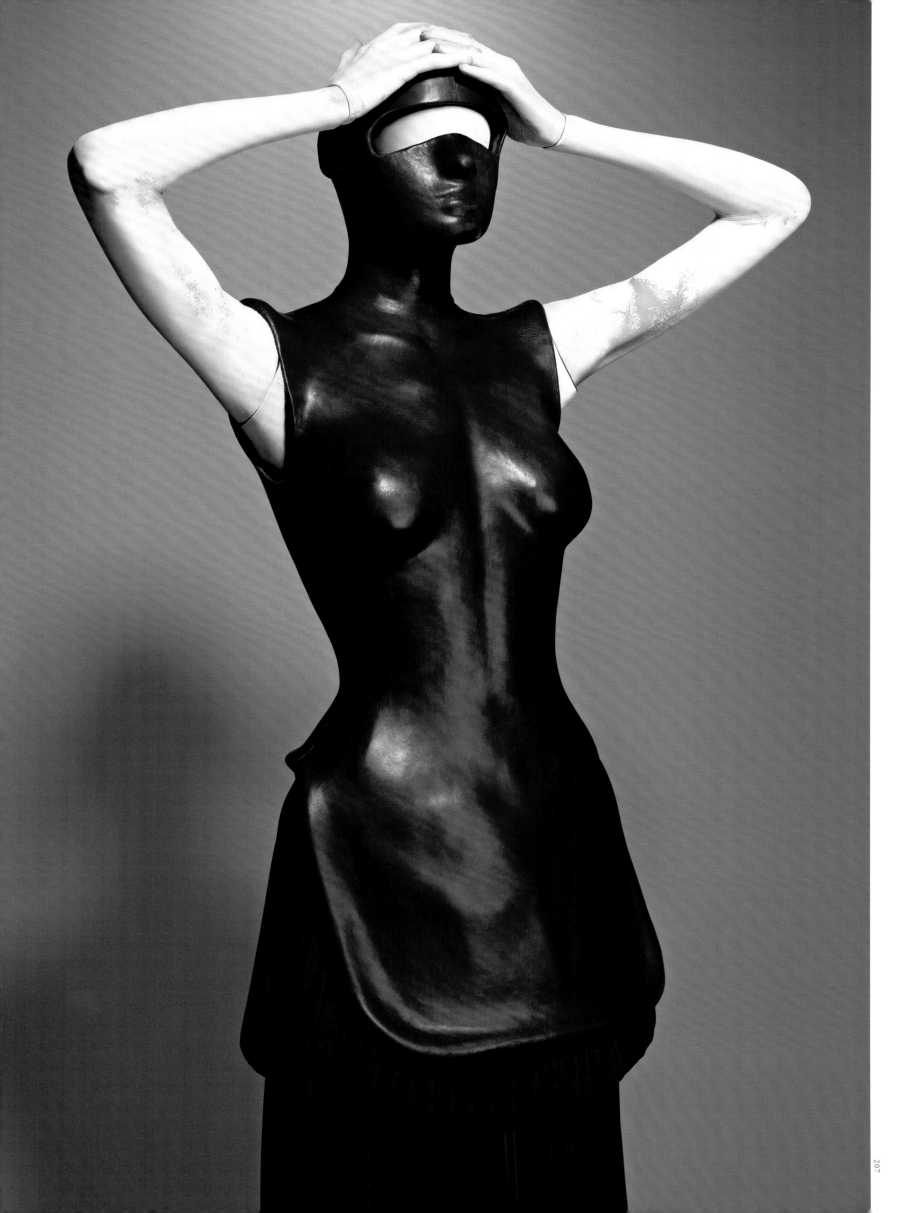

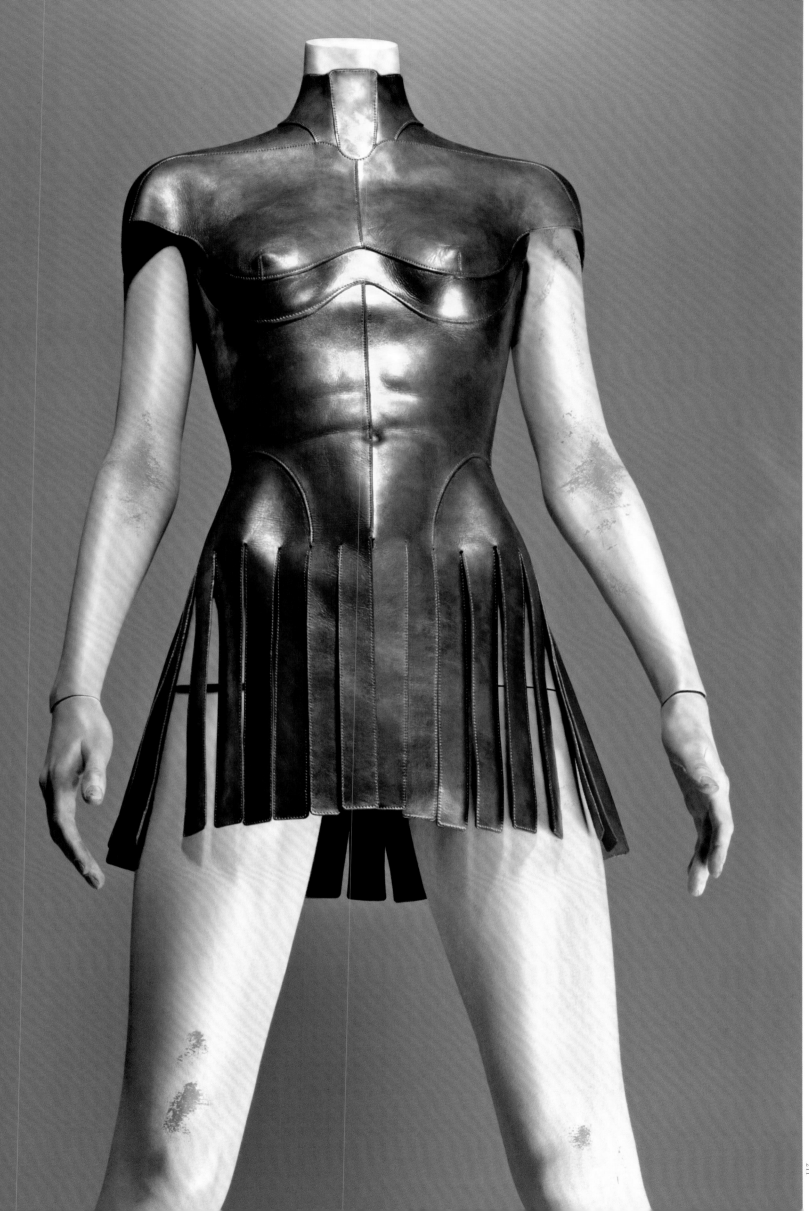

"这需要和现实紧密相连。任何被加工或是再加

工过的东西，都会失去它的灵魂。"

"第 13 号", 1999 年春夏系列

"（这个系列的最后一件服装）受到艺术家丽贝

卡·霍恩（Rebecca Horn）创作的装置艺术的启发，

那件作品中有两支霰弹枪互相喷射血红色的颜料。"

"舞蹈动作经过了非常精心的编排。我们花了一

个礼拜的时间给机器设置程序。"

"让艾米·穆林斯加入（这场秀时），我决定不要让她戴上……（用来赛跑的）假肢。我们确实让她试着戴过，但我想还是算了，这偏离了这场秀的重点。我们想表达的是，她必须得努力融入其他女孩。"

"我不会忘记自己这双手的用处，这是一双属于

一个独具慧眼的工匠的手……这体现了我的技术。"

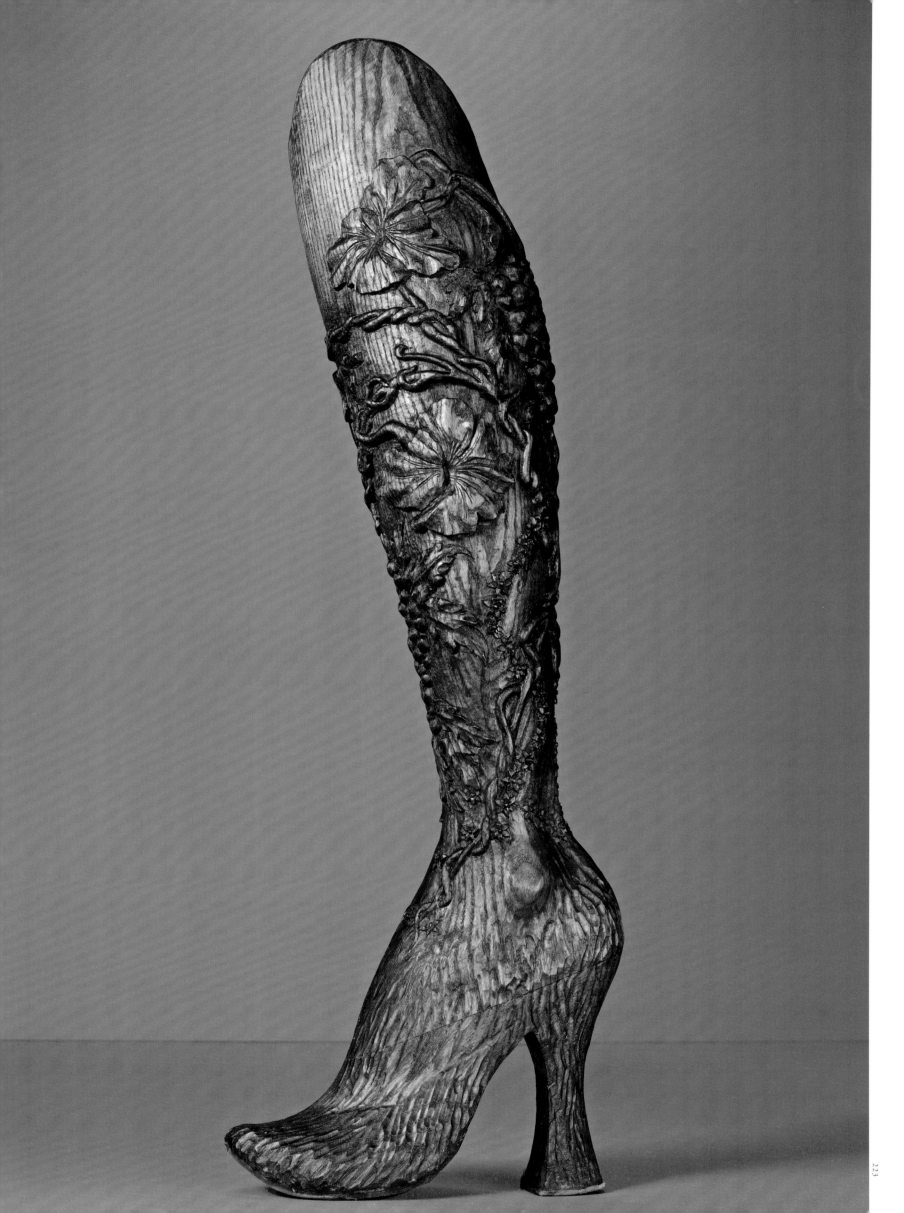

亚历山大·麦昆设计工作室在位于伦敦克勒肯威尔路的品牌总部办公楼顶层，宽敞通风，配有天窗，采光良好。最新一季的时装正在莎拉·伯顿的主持下逐渐成形，她担任麦昆的设计助理长达十五年，并自然而然地成了他的衣钵传人。

现在，这间工作室里有着许多剪贴板和一个藏有丰富书籍的资料室，看起来比麦昆时期估计要整洁不少。首先，他的按摩椅没了。狗狗的睡篮也是。没变的是，剪贴板上依然钉着内容广泛且富有深度的资料。以前，每当麦昆在创作新的系列时，伯顿都负责为他搜集和整理这些资料，把他曾经涌现的灵感和现在的想法综合起来。"我是一个囤积者，"她说，"我把李的每一份手稿都存了起来。"

非常幸运的是，这份收藏里包括了 1996 年伯顿来公司任职之前的资料，例如 1992 年麦昆在伦敦中央圣马丁艺术与设计学院的硕士毕业设计"开膛手杰克跟踪他的受害者"的手稿。从这些早期的手稿中已经能看出麦昆之后的风格，包括像是长礼服这样的标志性设计、垫肩这样的标志性细节，以及束衣、开叉、镶边和用羽毛做装饰这样的标志性工艺。每一幅手稿上的细节都具有惊人的精确性。另一系列的学生作品中包括一件衣服中部扭结起来的两片袖夹克衫，这个细节在 1997 年麦昆为纪梵希设计的第一个高级定制系列中再次出现。伯顿说，麦昆从来没有把这些早期手稿拿出来作为参考，可见他的审美趣味来自其原始的本性。精美的蕾丝、凯尔特传说的恐怖元素、传统的绅士西装、20 世纪 40 年代的精细裁剪，以及阿尔弗雷德·希区柯克（Alfred Hitchcock）的电影——这些都为这过去二十年来最有条理、最动人的设计语言之一增光添彩。

伯顿从书架上拿出一本书，她说这是麦昆的最爱——1985 年出版的《麦克道尔 20 世纪时尚指南》（*McDowell Directory of Twentieth-Century Fashion*）。这本书刚面世的时候麦昆还在读高中，但是看看书中一些章节的标题——"作为武器的时装""时尚与艺术""廓形塑造""从时装沙龙到街头""第一个时装设计师"，你一定会认为麦昆就是这些内容的完美原型。

蒂姆·布兰克斯：你是怎么认识李·麦昆的？

莎拉·伯顿：我和李之间最早的联系是面料设计师西蒙·昂格莱斯（Simon Ungless），他是李非常好的朋友，李早期的作品中的印花都是他设计的。我参与的第一个系列是"洋娃娃"（*La Poupée*，1997年春夏系列）。我设计了其中的几件单品，不过大部分还是李亲自设计的。他教我怎么用雪纺裁剪出 S 型曲线，怎么给衣服上拉链，这些我以前都不会。那时候，在这里工作的有凯蒂·英格兰、特里诺·韦卡德和我。李还住在霍克斯顿广场的工作室楼上。当时特里诺在日本办营业执照，我正准备也去那里。我还记得接到 LVMH 打来的电话时，李还以为他们是要找他为路易·威登设计手袋——那阵子很多设计师，像是阿瑟丁·阿拉亚（Azzedine Alaïa）、维维安·韦斯特伍德（Vivienne Westwood）和赫尔穆特·朗（Helmut Lang），都在为威登的周年庆设计特别版手袋。和纪梵希之间的合同在两周之内就签好了，然后他就坐上了开往巴黎的火车。我本来打算去纽约为卡尔文·克莱因工作，李让我留下来，我就答应了。刚开始我们只有一张曾经属于英国品牌人体地图（Body Map）和弗莱特·奥斯泰尔（Flyte Ostell）的纸样裁剪工作台，配的椅子也都太矮了。李得到纪梵希的那份工作以后，我们才有了合适的椅子。他非常兴奋，因为这意味着终于要开始赚钱了，他也可以做那些以前没法做的事情了。

蒂姆·布兰克斯：有了纪梵希的资源，李的设计是不是更加具有实验性了？

莎拉·伯顿：是的，这确实帮助李拓宽了自己的边界。我还记得有一季——1999—2000 年秋冬高级成衣系列——有一个模特套着有机玻璃做成的机器人外壳。在模特出场十分钟前，做这个机器人的人跟我们说："如果她在外壳里面流汗了，就会被电到。告诉她别流汗。"对于李来说，纪梵希的那段经历非常精彩。他是个一流的裁缝，能做出一流的衣服，但是在纪梵希，他学到了关于高级定制的一切，特别是刺绣。

蒂姆·布兰克斯：剪贴板上那些刺绣的小样都做得特别精细。在李的工作中，这其中有多少是刺绣工坊代工的，有多少是你们特别委托其他人做的？

莎拉·伯顿：这是由两者一起配合完成的。首先我得在档案里找找

看。我们会保留过去每一季的每一份资料，因为李的记忆力非常好，所以我们常常需要找出之前没有被用过的材料，然后创造出新的东西。而每个系列都是从一场秀开始的。在开始设计一个系列的时候，他会先想象这个系列看起来会是什么样的。

蒂姆·布兰克斯：当他想象这场秀看起来是什么样时，他会不会把每一套造型想象成一个角色，就像在为一出戏选演员？

莎拉·伯顿：我们把每场秀都当成高级定制秀来精心准备。李会在一张剪贴板上编号，比方说从一号到五十号，我们通常会做出大概七十五套造型。然后我们会在巴黎选择和排列这些造型。它们被分成几个部分，通常是三个部分，而围绕着这些造型还会有故事情节。设计 2003 年春夏系列"变形"时，我们第一次做预展系列，所以第一组造型全部是为那次的早春系列提供的。

李总是会把每一套造型都设计得很完整，包括鞋履、发型和妆容。鞋子很重要，因为它们为服装造型压阵。比如"柏拉图的亚特兰蒂斯"（2010 年春夏系列）中的"犰狳"（Armadillo）鞋，其灵感来自艾伦·琼斯设计的供芭蕾舞演员穿着的足尖鞋。它们穿起来其实很舒适，但是如果哪个模特不能穿着它们走路，她就没法出现在这场秀里。

每个模特的发型基本上是差不多的。在李的时装秀的阵容里，模特们的个人身份完全被抹去了。重点在于服装和秀——从不在于模特。有一个极端的例子是在"纪念 1692 年塞勒姆的伊丽莎白·豪"（*In Memory of Elizabeth How, Salem 1692*，2007—2008 年秋冬系列）中，有一个模特穿着将她的整张脸都遮住了的皮制紧身衣。

蒂姆·布兰克斯：这些秀似乎是精诚合作的结果。

莎拉·伯顿：李非常忠诚，他对人充满信任。在合作中他很可靠。他心无旁骛，因此无论是时装发布会还是大片拍摄，只要是他参加的项目，他差不多都会成为其中的主导。但是当他和女帽设计师菲利普·特里西一起工作时，他会充满敬意。他会给菲利普看自己的剪贴板，告诉他几个关键词，菲利普就会产生一些想法。比如说，在"丰饶角"（2009—2010 年秋冬系列）中，李想在模特头上套上塑料袋，就像他在国家肖像馆（National Portrait Gallery）看到的亨德里克·克思滕斯（Hendrik Kerstens）的摄影作品一样，而菲利普则想到了用垃圾桶盖子和炸裂的柳条篮子。吉多·帕劳（Guido Palau）为"丰饶角"打造的发饰则为这一系列增添了另一番风味。

对于李来说，菲利普和吉多两人让这些造型真正地完整起来，珠宝设计师肖恩·利恩也是一样，李深爱着他的手艺。

当他开始构思一场秀要呈现的作品的时候，萨曼莎·盖恩斯布里就会加入，他们会一起讨论场地和主题。李刚开始在巴黎办秀的时候，有时候会因为某个场地特有的气氛而选择它，像是"无与伦比"（2002—2003年秋冬系列）发布会所在的巴黎古监狱。然而在大多数情况下，李想要亲自创造出属于自己的环境，因此他选择在巴黎贝尔西体育馆举办了发布会。"住在树上的女孩"（2008—2009年秋冬系列）发布会的特色是一棵包裹在丝绸薄纱之中的树，李的灵感来自艺术家克里斯托（Christo），而萨曼莎则让他的灵感成为现实，她做事的时候非常投入。约瑟夫·贝内特（Joseph Bennett）和西蒙·肯尼（Simon Kenny）负责设计，丹·兰丁（Dan Landin）负责灯光。通常是约翰·戈斯林（John Gosling）负责配乐，这部分至关重要，因为我们播放的所有音乐都为时装系列营造出气氛。李一向对于秀场上播放的音乐有着鲜明的个人观点。我们的音乐里一定会有鼓点，在秀快要结束时会有一首回味悠长的曲子让观众振奋起来或产生一丝感伤。在他生命中的最后三年里，李听了很多古典音乐，特别是在健身的时候——《时时刻刻》（The Hours，2002年）里菲利普·格拉斯（Philip Glass）谱写的配乐，或者是《钢琴课》（The Piano，1993年）里迈克尔·尼曼（Michael Nyman）的配乐。在我们搬到现在的工作室之后，音乐显得更重要了。我不记得我们在艾姆维尔街的工作室时放过什么音乐。

蒂姆·布兰克斯：这也许是因为他在艾姆维尔街的工作室里看不到天空。

莎拉·伯顿：没错，他看不见。所以他搬来这里时特别开心。

蒂姆·布兰克斯：在你看来，李对于场面宏大的秀是不是有一种满足感？

莎拉·伯顿：他真的很喜欢那些秀。他总是说："这是我们最后一次搞这种大制作了。"但他忍不住的。李就是不喜欢做最普通的T台秀，而人们也对他充满了期待。他做过的最接近于普通发布会的一场，是以希区柯克电影为灵感的"擒凶记"（The Man Who Knew Too Much，2005—2006年秋冬系列）。紧接其后的时装秀——希腊风情的"尼普顿"（Neptune，2006年春夏系列）——也算是比较传统的一场。

蒂姆·布兰克斯：你说过李的视觉记忆力相当惊人。是真的吗？

莎拉·伯顿：千真万确。他会说"我们现在要做的是20世纪40年代风格"，或者随便其他什么主题。他先是产生一个想法，然后我们要为他准备一个又一个剪贴板的资料，然后这个想法又会发生变化。他会加进跟之前完全对立或是完全不同的东西，全凭他喜欢。有时在一周后，一切都要推翻重来。他的想法变化得太快，他太容易对某件事物感到厌倦了，他总是会冒出越来越多的想法。

李能从万事万物中获得灵感。"我在步行上班的路上看到这张海报"，或者"我在《老友记》里看到乔伊穿着这件绿T恤"。他热爱探索频道和关于自然的书。我们以前都会买《国家地理杂志》。这些灵感的来源有些杂，但是李偏偏能用一种巧妙的方式把它们整合起来。每一天都是完全不同的。他会说"这个我想做成提花"，或者"我想用一种全新的压合技术来处理这块缎子"，或者"从缝纫室找一个人来做这套衣服吧"。你永远不能说"不，我做不到"，因为结果要么是他自己能做到，要么是你自己得学着做到，而他永远是对的。我还记得"扫描仪"（Scanners，2003—2004年秋冬系列）那个系列里有一条用满是刺绣的定位饰片构成的裙子，我几乎无法把视线从上面挪开。当初他画出了裙子的设计图纸。做另一条裙子时，他希望所有的蕾丝都用手工裁剪，做成圆形。但是蕾丝是没法被剪成圆形的，因此我们不得不将上面的花纹一朵一朵地剪下来，然后在一块圆形的薄纱上把它们拼起来，在上面再做刺绣，然后把圆形薄纱缝到裙子上。这条连衣裙来自"卡洛登的寡妇"（2006—2007年秋冬系列），它是一条灰色的蕾丝裙，穿着这条裙子的模特还头戴鹿角，上面蒙着轻纱。李总希望剪贴板上能有数不清的新奇工艺。这些工艺我们可能一个都用不上，但李就是这样鞭策着我们用全新的方式来做事，而不是循规蹈矩。我很怀念这一点，他的现代性。

蒂姆·布兰克斯：但是他的现代性却牢牢地扎根于传统。

莎拉·伯顿：没错。比如在"丰饶角"系列中，服装廓形来自迪奥的"新风貌"（New Look）风格，但我们用的面料却是经过精心打造的垃圾：用合成丝混纺而成的气泡膜、真丝做成的垃圾袋、印着千鸟格的多层氯丁橡胶。发布会上的第二套造型中有着被漆上去的传统千鸟格元素。李亲自裁剪了那件夹克衫。他给那件衣服开叉，裁剪出一只不对称的和服袖子，然后取下衣领，重新裁剪了一番。他把一片面料放在地板上，剪出了形状完美的衣领。这一切都太不可思议了。

"丰饶角"的伟大之处在于这一切都是李从自身出发的，他使用了自己的那一套设计语言来完成它。他对这个系列倾注了全部心血。那些夹克衫实在是太麦昆了——他简直可以闭着眼睛做好那些衣服。实际上，他的最后两个系列几乎把他的所学、所思、所想都体现得淋漓尽致。

蒂姆·布兰克斯： 你们搜集的资料中，有没有一件真正的古董单品给你们作为设计参考？

莎拉·伯顿： 不，李不是这样工作的。他喜欢维多利亚时代的风格：朱利亚·玛格丽特·卡梅伦、开膛手杰克，以及《雾都孤儿》里的角色们。他也喜欢维多利亚时代夹克衫的结构：窄窄的肩膀、短小的衣身，特别还有紧窄的腰身。每次我们试衣的时候，他都会拿块罗缎缠在女孩儿的腰上，让她的腰身更细一些。永远都要更紧一些，更紧一些。李太重视腰部了，在外衣之下常常会有紧身胸衣。我们也常常会使用一些古董服装的元素，但从来不会出去找一件真正的古董衣来仿制。在一些情况下，他的裁剪制作是从剪开一件夹克衫或是一块面料开始的，有些军装风格的单品的灵感来自古董衣，但他总是会将衣服剪开并改变它。

他也不怎么会为了搜集资料去旅行。他并没有那么喜欢旅行。只有一个例外，那就是为了设计"纪念 1692 年塞勒姆的伊丽莎白·豪"系列去马萨诸塞州的塞勒姆。他的妈妈深入研究系谱学，她曾经追溯到他们有一个牵涉塞勒姆女巫审判的祖先。我们去参观了塞勒姆女巫博物馆（Salem Witch Museum），以及埋葬了他的祖先伊丽莎白·豪的墓地。对于李来说，这是非常私人化的一个系列，而那时候李也常常说他的作品都是自传性的。

蒂姆·布兰克斯： 我总是会想象一种关于他的设计的情感的辩证法——有正题，有反题，之后还有合题。比方说，他的遗作 2010—2011 年秋冬系列中的高级定制的传统主义紧跟着 2010 年春夏系列（"柏拉图的亚特兰蒂斯"）中的具有先锋意义的科技手段。

莎拉·伯顿： 在"柏拉图的亚特兰蒂斯"中，李掌握了将数码图像经过编织、定位和做成印花来呈现在一件服装上，这些图案能够在缝合之后依设计对齐得严丝合缝。但是接下来的一季就面临着这样的困难：你要在哪里办秀？如何比上一场更进一步？我知道他能用一种完全不同的方式办一场秀，解决这些问题。在这场秀里他想讨论手工艺、古老的濒临失传的工艺，以及人们是如何不再用自己的双手创造东西。

蒂姆·布兰克斯： 李有没有在他的成长史中像你感谢他一样感谢过什么人？教给他如何缝上一根拉链之类的手艺的那种？

莎拉·伯顿： 我认为大多数工艺都是他自己学会的，不过他大概会谈到很多关于罗密欧·吉利的事。

蒂姆·布兰克斯： 也许和吉利一同工作的经历，让他真正地感受到"一切皆有可能"这个他本人带给整个时尚圈的印象。李有点像一个艺术家、作家或是音乐家，他回顾过去，并从自己的过去中获得创作的主题。当一个人曾经创造出如此丰富的作品，他就不难从过去的这些作品中汲取灵感，创作出全新的东西。

莎拉·伯顿： 不久前我去翻阅了一遍我们的档案，然后意识到：天哪，他真的把所有的事情都做了。他在每场秀都给出了很多灵感的线索，这些线索又会发展成不同的主题。每一场秀里都被塞进了足够办十场秀的灵感，麦昆的灵感源源不断。比如他在离开纪梵希后办的第一场"沃斯"（2001 年春夏系列）发布会。在此之后他常常从这场秀里汲取灵感。

蒂姆·布兰克斯： 为什么这场秀的影响如此深远？

莎拉·伯顿： 当时，查尔斯·萨奇（Charles Saatchi）的收藏巡回展"感觉"（Sensation）在英国艺术界引发的热度还没有消退，人们都非常热衷于收藏，而"沃斯"正是蕴含了收藏的概念。李从不抗拒从四面八方汲取灵感。有一天他拿着一捧贻贝壳走进来，跟我们说："我们要用这些做一条裙子。"又过了一天，他说："找一个学徒去买把锯子。"一周之后，他回到自己位于东萨塞克斯郡费尔莱特湾的家，带回了一些蛏子壳，说："我们要用这些做一条裙子。"还有一次，他去了布莱顿旅行，带回了一些沙滩垫。纸牌、我们手工上色的医用载玻片、他从巴黎纪梵希带回来的碎裂的屏风——都是"疯人院"（Asylum，即"沃斯"系列）这一系列的亮点。

蒂姆·布兰克斯： 在"沃斯"系列中，他是不是第一次任凭自己的想象力自由发挥，并使那些想象成为可能？

莎拉·伯顿： 不。李一直从一切事物中获得灵感，只是对我来说，那场秀里有太多完全不同的元素和谐共处，那个系列的主题就是从万物中寻找美。他常常挑战人们对于美的感知，就像在"第 13 号"

（1999 年春夏系列）发布会上那样。李喜欢让人们感到震惊，因为他希望人们能产生一些感受。

蒂姆·布兰克斯：让我们谈谈李的创作过程，特别是开发新面料这部分。例如当他要用一块花缎时——用一种前所未有的方式来处理这种面料，设计助理就要满足他的要求，这个过程通常需要多久？

莎拉·伯顿：李要得很急，所以你得动作非常快。工作室里有一个专门负责面料的女孩，一个负责刺绣的女孩，还有两个鞋履和包袋设计助理。我把任务分配下去，他们会立刻去意大利的作坊寻找类似的可以加以利用的技术。

蒂姆·布兰克斯：如果说李的灵感是一切的开端，那我对于其后的研究过程非常好奇。

莎拉·伯顿：李通常就坐在那里，往我们工作室的资料室里的书上面贴便利贴。在设计"柏拉图的亚特兰蒂斯"系列时他曾说："我想搞到成千上万的高空鸟瞰图。"简单来说，那就是从空中你能看到的这个世界的表面——城市、海洋、山脉。我给各个部门分配任务，而他则希望第二天就能看到成果。必须是第二天，他要得太急了。

蒂姆·布兰克斯：那如果第二天没做好呢？

莎拉·伯顿：我们总能做好（大笑）。

蒂姆·布兰克斯：李是经常看各种视觉方面的资料，还是只有要开始设计新一季衣服的时候才会看？

莎拉·伯顿：在我的印象里，他不会做这么多案头工作。他总是忙东忙西的——整理出所有的面料、所有的刺绣、所有的皮革、所有的皮草。总是有成堆的事情要做。在与他共度了紧张的一天后，你手头的记事本上会列着五十个不同的主题。他经常这样高强度地工作，尽管在某些日子里，他走进工作室仅仅翻阅了几本书，或是在人台上进行三维立体裁剪。他曾经格外喜欢米歇尔·弗里佐（Michel Frizot）的《摄影新史》（*A New History of Photography*）。你经常会发现他

的灵感就来自这本书，通常是在每一季刚开始设计的时候。

蒂姆·布兰克斯：李待在工作室的时候多吗？

莎拉·伯顿：有时候，我们会在李的家里做设计——比如说"无与伦比"系列。他让人把所有的书、所有的面料都送到他家里。那时候他刚刚搬到阿伯丁路的家里。

蒂姆·布兰克斯：你会不会觉得李这是在让自己尝试不同的工作方法？

莎拉·伯顿：他只在想工作的时候工作。有时候，我们会带着大包小包的面料去他的乡间别墅。他是个很好的厨师。他会做非常棒的烧烤午餐，然后说："啊，我们下周再回办公室开工吧！"

蒂姆·布兰克斯：鉴于他的很多作品中都有历史元素，李是不是更容易受到图片和书籍的启发，而不是他手头的设计原材料？

莎拉·伯顿：对他来说，设计绝对就是一件接触到实物并触摸它们，裁剪它们的事。我们在设计"柏拉图的亚特兰蒂斯"系列时，把所有的剪贴板都翻了个面，整面墙都挂着大块大块的印花面料。通常他的剪贴板上都是些围绕着特定主题的五花八门的图像。图像里的内容可能涉及自然、历史肖像画、古代大师或是当代艺术家的作品、历史上的时尚风格，以及传统或创新的纺织技术。他曾这么评价"柏拉图的亚特兰蒂斯"："我不想参考任何廓形，我不想参考任何东西，无论是图片还是手稿。我想创造全新的东西。"他是完全正确的，因为他随即就创造出了全新的东西，完全没有参考其他别的什么。这就是为什么他会觉得我们没能在截止日期之前做完一个系列的设计其实也没关系。有时候截止日期之前的时间实在太紧迫了。我会催催他，他就会随手给我一点什么，然后跟我说："就把这些草图交给工厂吧。"因为他知道，只有在试衣的时候他才能从无到有地创造出整个系列。

蒂姆·布兰克斯：他经常这样吗？

莎拉·伯顿：哦，这种事也就一两次（笑）。有时候，如果他没准备好服装，但手头有几卷面料，毫不夸张地说，李可以当场做出衣

服来——这里是刺绣，这里是面料，这里要剪开，然后他就大功告成了。他会做立体裁剪。他花很多时间和人台在一起，不断地裁剪。他的设计方法流畅自然、环环相扣，他用不着坐下来打草稿。这是一种真正的三维立体的设计，当他采取这种方法时效果总是更好，因为他能创造出新的东西。之后，我们便会把李裁剪出来的服装样板扫描进电脑，再在那些样板上面加上艺术作品。那些艺术作品的呈现方式可能是印花，也可能是提花。然后我们会把带有艺术作品的纸样的缩印图打印出来，再将它们拼接成三维立体的服装模型。设计快完成的时候，我们还会为每套衣服做一只纸人偶，因为麦昆的设计太难被想象了，这样的话他就可以更直观地看到设计的效果。和他一起工作必须要依照特定的工作方法，一切都以视觉为先。有时灵光乍现，稍纵即逝，你得立刻动手抓住它。在为最后两个系列的服装试衣时，我们用的都是真正的每套服装对应的面料，而在以前我们很有可能都以白棉布来制作样衣。在那时李希望能看到那些提花和印花在每件服装上的真实视觉效果。

蒂姆·布兰克斯：那大概是什么时候？

莎拉·伯顿：我们在做"丰饶角"和"柏拉图的亚特兰蒂斯"的时候。我们必须在这两个系列的设计阶段就准备好大致的打样面料或提花——在这个阶段，李会做立体裁剪。当意大利的工厂或者楼下的工作室完成打样后，李会在人台上试衣，然后我们要根据正确的款式来调整那些艺术作品。李会在人台上改裁服装，这就意味着印花会在接缝处对接不上，所以我们就必须在电脑上修改，让印花再次拼合起来。在发布的三周之前，我们就要把面料送去做排料图，准备好最终要使用的面料。这也就意味着我们要确定每件衣服使用什么样的面料，并向工厂订做我们发布会上要用到的服装。对于"柏拉图的亚特兰蒂斯"来说，这是一个尤其大的挑战，因为所有的图案都必须十分精确。在发布会的服装做好以后，我会去意大利检查一切是否妥当。在"柏拉图的亚特兰蒂斯"系列中，所有东西都是精心制作并手工刺绣的，就像是高级定制一样。

蒂姆·布兰克斯：这听起来是一种相当奢侈、相当具有挑战性的工作方式，就是用这么贵的面料来尝试各种有可能会失败的想法。

莎拉·伯顿：在"柏拉图的亚特兰蒂斯"系列中，一共有三十六种印花。它们都是围绕着人体设计的。用环形定位方式设计，意思就是印花呈环形位于一卷面料的中部。你不仅要把印花放在正确的位

置，还要考虑到一切别的因素，比方说面料可能会有从不透明到透明的渐变效果，李会在试衣的时候决定这些。我敢说，他亲手裁剪了这个系列中将近一半的衣服。他的眼睛太厉害了，他可以立体裁剪出定位印花。

蒂姆·布兰克斯：所以说他用面料设计出想要的效果以后就会进行裁剪，那之后，如果他不喜欢……

莎拉·伯顿：他会把这件扔掉。惊人的是，他总是能做出想要的效果。我最近也试着这么做，然后我就觉得：哦，不，我剪错了一块。而他在设计"柏拉图的亚特兰蒂斯"系列时，几乎没有丢掉什么废品。当然，我们总是免不了抛弃一些服装，但他会把这些放进品牌的商业线里。在时装秀展示的系列中，李会打造出结合了潇洒随性的感觉与精湛的裁缝手艺的造型。

蒂姆·布兰克斯：通常试衣要花多久？

莎拉·伯顿：三十件衣服大概要花三天。试衣真的是非常关键。李的动作很快。你有没有看见过他在试衣时的样子？当他让模特试穿服装的时候，整个人都变得充满了活力。他会让你觉得你最好收拾好东西回家。他能在地板上画纸样，他会充满自信地做出修改。他做这一切的时候充满了男人味，而且就像是出于本能。他的脸上汗如雨下。他对于服装，对于他所追求的东西的了解是如此的清楚明了。李做的事情没有任何一点含糊。他会大刀阔斧地裁剪面料，也会稍作修改，重新设计某件单品，缝制袖子，制作裤子。

蒂姆·布兰克斯：他会经常改动整个系列吗？

莎拉·伯顿：他很少对整个系列做大的改动，但是每个系列都会随着他的想法不断演变。"萨拉班德舞曲"（*Sarabande*，2007年春夏系列）最终的样子就和夏天休假之前很不一样。不过我们保留了最初的很多件衣服，仅仅对它们进行了一番改动——比方说那几件燕尾服。没有工作人员会介意这样的改变。李的工作激情感染了大家。你会愿意做任何事情，只为了让他满意。比如那些工厂里的女工愿意加班到很晚，因为她们在工作中遇到了新的挑战。李就是这样让你愿意挑战你自己，你永远都有动力向前一步。因此每个人都会为了他不断超越自己。

蒂姆·布兰克斯：我一直认为，李非常敬佩强大的、充满力量的女人，对于不具备这些特质的女性却没什么同理心。

莎拉·伯顿：李热爱强大的女人。根据我的经验，当我能站起来勇敢表达自己的意见时，李会更加尊重我。这需要足够的勇气，但是他真的很希望人们能有自己的想法。他很清楚自己想要的是什么，这是和他一起工作能省心的原因。他从来不会在任何事情上含混不清。

蒂姆·布兰克斯：你喜欢电影之类的吗？对他来说这些似乎非常重要。我还记得在"瞭望"（1999—2000 年秋冬系列）发布之后，他还特意声明这个系列的名字来自斯坦利·库布里克（Stanley Kubrick）的电影《闪灵》（The Shining，1980 年）里的酒店，跟斯蒂芬·金（Stephen King）的书没有关系。

莎拉·伯顿：他并不去电影院看电影。他通常是看碟。

蒂姆·布兰克斯：我看到你列出了十部他最喜欢的电影：《巴里·林登》（Barry Lyndon，1975 年）、《死于威尼斯》（Death in Venice，1971 年）、《孤注一掷》（1969 年）、《难补情天恨》（Lady Sings the Blues，1972 年）、《玛戈王后》（La Reine Margot，1994 年）、《德州巴黎》（Paris, Texas，1984 年）、《悬崖下的野餐》（Picnic at Hanging Rock，1975 年）、科波拉（Coppola）的《惊情四百年》（Dracula，1992 年）、《千年血后》（The Hunger，1983 年）以及《深渊》（The Abyss，1989 年）。我们很容易就能把每一部电影和某一季时装联系起来。

莎拉·伯顿：是的。比如《巴里·林登》和"萨拉班德舞曲"系列，或者《深渊》和"柏拉图的亚特兰蒂斯"系列。《玛戈王后》的配

色也一直贯穿在我们的设计中。李总是让我去读书，看艺术家的作品，或是听一张音乐碟片。这就是李，他的思维总是这么活跃。每一季，他都不仅仅在设计服装。他是一个真正的艺术家。他一直在提升自己，永无止境，然而可以说他乐在其中。我从没见过他有什么时候比在这里触摸东西，创造东西时更加开心。

蒂姆·布兰克斯：你觉得他把自己当作艺术家吗？

莎拉·伯顿：我不知道。李想过回艺术院校读书。实际上他曾在斯莱德美术学院（Slade School of Fine Art）学过艺术，但他总是把自己称为设计师而不是艺术家。他是一个十足的秀场掌控者。当你研究起他的设计方式，就更会觉得这跟艺术紧密相关。他从不会考虑诸如"哦，这穿起来舒服吗？"之类的问题，唯一要考虑的是视觉效果，是从头到脚整体的造型。当你看到模特们鱼贯出场，这一点就更加清楚不过。李是那种能创造出一个世界，讲述好一个故事的设计师。但有时候问题可能是，时尚圈的观众并不是那些可以聆听这些故事的人，但什么样的观众才是合适的？我觉得这是困扰他的问题。那些质疑有：这是时尚吗？这是艺术吗？但如果这不能赚钱，你就没法继续办这些精彩的时装秀。李很关注时尚产业的商业化，但大部分人记住的只是他的发布会。

蒂姆·布兰克斯：但是你说过他的设计思路是从秀开始的。如果人们这样评价他，这肯定是他希望得到的。

莎拉·伯顿：我认为你说得对。而同时我也认为，他为自己创造了一个世界，他可以在里面做任何自己想做的事情，没有任何限制，没有跟单员跑上楼来问："我的三粒扣夹克呢？"这在时尚界很罕见。

展品清单

除特别声明，本图录与展览中所有服装均由伦敦亚历山大·麦昆档案馆惠允。

封面照片与艺术作品由加里·詹姆斯·麦昆（Gary James McQueen）最初为"自然的差异，非自然的选择"（2009 年春夏系列）的发布会邀请函制作。

本图录照片 © Sølve Sundsbø/Art + Commerce

亚历山大·麦昆肖像：扉页照片 © David Bailey
第 28—29 页照片 © Don McCullin/Contact Press Images，最初为美国版《芭莎》（Harper's Bazaar）拍摄。

第 6 页
连衣裙，"贞德"（Joan），1998—1999 年秋冬系列
红色柱状串珠

第 8 页
连衣裙，"无题"（Untitled），1998 年春夏系列
象牙色真丝

第 10 页
套装，"疯狂的公牛之舞"（The Dance of the Twisted Bull），2002 年春夏系列
黑玉与水晶串珠缀饰黑色真丝夹克，黑色卷线绣；黑色羊毛连体裤；黑色皮帽
帽子由菲利普·特里西为亚历山大·麦昆设计，原为伊莎贝拉·布罗个人收藏，达芙妮·吉尼斯阁下（Hon. Daphne Guinness）惠允

第 11 页
套装，"疯狂的公牛之舞"，2002 年春夏系列
红色与象牙色真丝连衣裙；木制长矛，镀银金属与红色棉布
长矛由肖恩·利恩为亚历山大·麦昆设计

浪漫主义精神

第 31 页
夹克，"开膛手杰克跟踪他的受害者"（Jack the Ripper Stalks His Victims，硕士毕业设计系列），1992 年
黑色真丝面料，红色真丝里料，密封袋装真人头发
原为伊莎贝拉·布罗个人收藏，达芙妮·吉尼斯阁下惠允

第 32—33 页
外套，"开膛手杰克跟踪他的受害者"（硕士毕业设计系列），1992 年
荆棘图案印花粉色真丝面料，白色真丝里料，密封袋装真人头发
原为伊莎贝拉·布罗个人收藏，达芙妮·吉尼斯阁下惠允

第 34 页
长裤细节，"虚无主义"（Nihilism），1994 年春夏系列
灰色真丝／羊毛
蒂娜·拉科宁（Tiina Laakkonen）惠允

第 37 页
外套，"虚无主义"，1994 年春夏系列
灰色真丝／羊毛
蒂娜·拉科宁惠允

第 38 页
夹克，"虚无主义"，1994 年春夏系列
灰色真丝／棉布
蒂娜·拉科宁惠允

第 40—41 页
连衣裙，"第 13 号"（No.13），1999 年春夏系列
黑色涂层棉

第 42 页
连衣裙，"柏拉图的亚特兰蒂斯"（Plato's

Atlantis），2010 年春夏系列
水母图案印花灰色羊毛与真丝／合成纤维

第 43 页
连衣裙，"柏拉图的亚特兰蒂斯"，2010 年春夏系列
水母图案印花灰色羊毛与真丝／合成纤维

第 45 页
夹克，"但丁"（Dante），1996—1997 年秋冬系列
黑色羊绒
萨曼莎·盖恩斯布里惠允

第 46 页
夹克，"但丁"，1996—1997 年秋冬系列
黑色棉布／合成纤维

第 47 页
夹克，"贞德"，1998—1999 年秋冬系列
黑色羊绒
珍妮特·菲施格朗德惠允

第 48 页
夹克，"洋娃娃"（La Poupée），1997 年春夏系列
黑色羊毛
特里诺·韦卡德惠允

第 49 页
夹克，"洋娃娃"，1997 年春夏系列
黑色羊毛
米拉·柴·海德（Mira Chai Hyde）惠允

第 50—51 页
夹克，"外面的世界很危险"（It's a Jungle Out There），1997—1998 年秋冬系列
真丝与棉制斜纹布，印花取自罗伯特·康平（Robert Campin）的绘画作品《基督左边的窃贼》（The Thief to the Left of Christ），约 1430 年

第 52 页
"包屁者"（Bumster）半裙，"高地强暴"（Highland Rape），1995—1996 年秋冬系列（根据原始样板复制）
黑色真丝

第 55 页
"包屁者"长裤，"高地强暴"，1995—1996 年秋冬系列
黑色真丝／棉布
米拉·柴·海德惠允

第 56 页
半裙，"高地强暴"，1995—1996 年秋冬系列
黑色羊毛配银色金属表链
特里诺·韦卡德惠允

第 58 页
"后踢"（Kick-Back）长裤，"第 13 号"，1999 年春夏系列（根据原始样板复制）
黑色真丝

第 59 页
"S 弯"（S-Bend）长裤，"第 13 号"，1999 年春夏系列（根据原始样板复制）
黑色羊毛

第 61 页
连衣裙，"无题"，1998 年春夏系列
黑色羊毛
特里诺·韦卡德惠允

第 62 页
连体裤，"洋娃娃"，1997 年春夏系列
黑色羊毛
特里诺·韦卡德惠允

第 63 页
风衣裙，"旋转木马"（What a Merry-Go-Round），2001—2002 年秋冬系列
黑色羊毛与真丝

第 64 页
夹克，"女妖"（Banshee），1994—1995 年秋冬系列
黑色羊毛与银色真丝，金色军装穗带
原为伊莎贝拉·布罗个人收藏，达芙妮·吉尼斯阁下惠允

第 65 页
夹克，"高地强暴"，1995—1996 年秋冬系列
绿色羊毛，金色军装穗带
米拉·柴·海德惠允

第 66 页
外套，"但丁"，1996—1997 年秋冬系列
黑色羊毛，金色缨绳
原为伊莎贝拉·布罗个人收藏，达芙妮·吉尼斯阁下惠允

第 67 页
夹克，"女妖"，1994—1995 年秋冬系列
灰色羊毛，金色军装穗带
鲁蒂·达南（Ruti Danan）惠允

第 68—69 页
裹身裙，"旋转木马"，2001—2002 年秋冬系列
黑色真丝，金色军装卷线绣

浪漫哥特风格

第 71 页
纪梵希高级定制时装屋（House of Givenchy Haute Couture）
套装，"折衷的解剖"（Eclect Dissect），1997—1998 年秋冬系列
黑色真丝，黑色真丝蕾丝，黑色马毛与黑玉串珠
纪梵希高级定制惠允

第 72 页
连衣裙，"丰饶角"（The Horn of Plenty），2009—2010 年秋冬系列
黑色鸭子羽毛

第 75 页
连衣裙，"沃斯"（Voss），2001 年春夏系列
红色与黑色鸵鸟羽毛，涂红医用载玻片

第 76 页
纪梵希高级定制时装屋
套装，"折衷的解剖"，1997—1998 年秋冬系列
黑色皮制连衣裙与手套

红色雄鸡羽毛与树脂秃鹫头骨组成的衣领由西蒙·科斯廷（Simon Costin）制作
纪梵希高级定制惠允

第 78 页
套装，"丰饶角"，2009—2010 年秋冬系列
黑色合成纤维连衣裙；黑色皮革与银色金属制紧身胸衣

第 79 页
靴子，"丰饶角"，2009—2010 年秋冬系列
黑色皮革

第 81 页
套装，"丰饶角"，2009—2010 年秋冬系列
黑色皮夹克，黑色狐狸毛皮与银色金属；黑色皮半裙

第 82 页
紧身胸衣，"但丁"，1996—1997 年秋冬系列
丁香紫色真丝，黑色真丝蕾丝贴花与黑玉串珠

第 83 页
纪梵希高级定制时装屋
连衣裙，"折衷的解剖"，1997—1998 年秋冬系列
丁香紫色真丝与黑色真丝蕾丝，黑玉串珠，黑色皮革与米黄色真丝嵌花
原为伊莎贝拉·布罗个人收藏，达芙妮·吉尼斯阁下惠允

第 84 页
套装，"无与伦比"（*Supercalifragilisticexpialidocious*），2002—2003 年秋冬系列
黑色真丝夹克；黑玉串珠缀饰黑色真丝半裙；黑色真丝／棉制蕾丝绲边
夹克由凯蒂·英格兰惠允

第 86 页
连衣裙，"卡洛登的寡妇"（*Widows of Culloden*），2006—2007 年秋冬系列
黑色真丝

第 87 页
连衣裙，2006—2007 年早秋系列
黑色真丝

第 88—89 页
套装，"无与伦比"，2002—2003 年秋冬系列
黑色网眼衬衫；黑色真丝半裙
衬衫由凯蒂·英格兰惠允

第 90—91 页
套装，"无与伦比"，2002—2003 年秋冬系列
黑色真丝外套；黑色合成纤维长裤；黑色真丝帽子
帽子由菲利普·特里西为亚历山大·麦昆设计，阿利斯特·麦基（Alister Mackie）惠允

2010—2011 年秋冬系列

第 93 页
连衣裙，2010—2011 年秋冬系列
金色亮片缀饰真丝提花紧身上衣，图案取自希罗尼穆斯·博斯的绘画作品，包括

《人间乐园》（*Garden of Earthly Delights*）、《最后的审判》（*Last Judgment*）与《圣安东尼的诱惑》（*Temptation of Saint Anthony*），约 1500 年；黑色真丝缎半裙

第 94 页
套装，2010—2011 年秋冬系列
真丝缎连衣裙与手套，印花取自斯蒂芬·洛赫纳（Stephan Lochner）在科隆大教堂的《大教堂祭坛画》（*Dombild Altarpiece*，又名 *Altarpiece of the Patron Saints of Cologne*），约 1440 年；涂金鸭子羽毛半身衬裙

第 95 页
高跟鞋，2010—2011 年秋冬系列
涂金尼龙复合材料，塑料串珠与宝石

第 96 页
高跟鞋，2010—2011 年秋冬系列
涂银尼龙复合材料，奶油色皮革，银线刺绣

第 97 页
连衣裙，2010—2011 年秋冬系列
灰色与白色真丝提花，图案取自雨果·凡·德尔·格斯的《波尔蒂纳里祭坛画》（*Portinari Altarpiece*）中《受胎告知》（*Annunciation*）部分的大天使加百列（Gabriel）的形象，约 1475 年

第 98—99 页
连衣裙，2010—2011 年秋冬系列
灰色与白色真丝欧根纱，剪线印花取自雨果·凡·德尔·格斯的《波尔蒂纳里祭坛画》中《受胎告知》部分的圣母玛利亚的形象，约 1475 年

第 100—101 页
套装，2010—2011 年秋冬系列
涂金鸭子羽毛外套；白色真丝半裙，金线刺绣

浪漫民族主义

第 103 页
套装，"卡洛登的寡妇"，2006—2007 年秋冬系列
麦昆式格纹呢连衣裙；裸色真丝上装，黑色蕾丝贴花；奶油色真丝薄纱衬裙

第 104 页
连衣裙，"卡洛登的寡妇"，2006—2007 年秋冬系列
麦昆式格纹呢，黑色真丝蕾丝贴花；黑色真丝薄纱衬裙；黑色棉制英格兰刺绣绲边

第 107 页
连衣裙，"卡洛登的寡妇"，2006—2007 年秋冬系列
麦昆式格纹呢，黑玉串珠；奶油色真丝薄纱衣领、袖口与下摆

第 108 页
连体裤，"卡洛登的寡妇"，2006—2007 年秋冬系列
麦昆式格纹呢；黑色棉制英格兰刺绣绲边领衬衫

第 109 页
连衣裙，"卡洛登的寡妇"，2006—2007 年秋冬系列
麦昆式格纹呢，黑色蕾丝贴花；红色串珠缀饰白色真丝上装；黑色真丝薄纱衬裙

第 110 页
连衣裙，"卡洛登的寡妇"，2006—2007 年秋冬系列
象牙色真丝欧根纱

第 113 页
套装，"住在树上的女孩"（*The Girl Who Lived in the Tree*），2008—2009 年秋冬系列
红色真丝天鹅绒夹克，金色卷线绣与白羊羔毛镶边；象牙色真丝薄纱连衣裙

第 114 页
套装，"住在树上的女孩"，2008—2009 年秋冬系列
红色真丝罩裙，银色提花镶边；象牙色真丝薄纱衬裙

第 116—117 页
套装，"住在树上的女孩"，2008—2009 年秋冬系列
象牙色真丝薄纱连衣裙；红色真丝天鹅绒短上衣，金色卷线绣

第 118—119 页
套装，"住在树上的女孩"，2008—2009 年秋冬系列
红色水晶玻璃缀饰象牙色真丝薄纱连衣裙；红色真丝短上衣

第 120—121 页
套装，"住在树上的女孩"，2008—2009 年秋冬系列
红色真丝外套；水晶串珠缀饰象牙色真丝薄纱连衣裙

"高地强暴"

第 123 页
连衣裙，"高地强暴"，1995—1996 年秋冬系列
绿色皮革与银色金属铆钉

第 124 页
外套，"高地强暴"，1995—1996 年秋冬系列
绿色真丝
原为伊莎贝拉·布罗个人收藏，达芙妮·吉尼斯阁下惠允

第 125 页
连衣裙，"高地强暴"，1995—1996 年秋冬系列
绿色与青铜色棉布／合成纤维蕾丝连衣裙

第 126 页
套装，"高地强暴"，1995—1996 年秋冬系列（在 T 台上，夹克与半裙没有出现在同一套造型中）
麦昆式格纹呢夹克配绿色羊毛衣袖；麦昆式格纹呢半裙
原为伊莎贝拉·布罗个人收藏，达芙妮·吉尼斯阁下惠允

第 127 页
套装，"高地强暴"，1995—1996 年秋冬系列
麦昆式格纹呢夹克与轮状皱领
夹克由鲁蒂·达南惠允

第 128 页
连衣裙，"高地强暴"，1995—1996 年秋冬系列
黑色真丝，金色拔染印花
鲁蒂·达南惠允

浪漫异国风情

第 131 页
套装，"沃斯"，2001 年春夏系列
灰色与粉色鸟眼布夹克，丝线绣绣；灰色与粉色鸟眼布长裤，灰色与粉色鸟眼布帽子，丝线刺绣与垂鞭绣绒球装饰

第 132—133 页
套装，"沃斯"，2001 年春夏系列
罩裙，饰片来自 19 世纪的日本屏风；牡蛎壳制衬裙；白银与大溪地珍珠颈饰
颈饰由肖恩·利恩为亚历山大·麦昆设计，大溪地珍珠国际宣传协会（Perles de Tahiti）惠允

第 134 页
连衣裙，"扫描仪"（*Scanners*），2003—2004 年秋冬系列
棕色与金色真丝／棉制螺纹，金色金属亮片

第 135 页
连衣裙，"扫描仪"，2003—2004 年秋冬系列
天然黄麻纤维，棉线与丝线刺绣，搭配金色真丝薄纱衬裙

第 136—137 页
套装，"游戏而已"（*It's Only a Game*），2005 年春夏系列
丁香紫色与银色真丝连衣裙与和服宽腰带；丁香紫色真丝夹克，真丝刺绣；裸色合成纤维上装，真丝刺绣

第 139 页
套装，"游戏而已"，2005 年春夏系列
丁香紫色紧身连体衣搭配和服宽腰带，真丝刺绣；丙烯绘制玻璃纤维垫肩与头盔

第 140 页
套装，"卡洛登的寡妇"，2006—2007 年秋冬系列
象牙色真丝外套，真丝刺绣；丁香紫色真丝薄纱连衣裙

第 141 页
套装，"游戏而已"，2005 年春夏系列
丁香紫色真丝连衣裙，真丝贴花与真丝刺绣；丁香紫色真丝夹克，真丝刺绣
巴西亚·洛因格（Basya Lowinger）惠允

"沃斯"

第 143 页
套装，"沃斯"，2001 年春夏系列

淡蓝色真丝衬衫；鸵鸟羽毛半裙；老鹰标本

第 144 页
套装，"沃斯"，2001 年春夏系列（在 T 台上，外套与连衣裙没有出现在同一套造型中）
酒椰叶纤维外套，红色、金色与黑色真丝刺绣圆形菊花状贴花；黑色真丝连衣裙
特里诺·韦卡德惠允

第 145 页
连衣裙，"沃斯"，2001 年春夏系列
裸色真丝，红色、金色与黑色真丝刺绣圆形菊花状贴花，黑色鸵鸟羽毛

第 147 页
连衣裙，"沃斯"，2001 年春夏系列
剥开并上漆的蛏子贝壳

第 148—149 页
套装，"沃斯"，2001 年春夏系列
绿色与紫色真丝外套，亚历山大·麦昆面部热成像图编织图案；绿色鸵鸟羽毛连衣裙

浪漫原始主义

第 151 页
外套，"厄苏"（*Eshu*），2000—2001 年秋冬系列
黑色合成毛发

第 152 页
连衣裙，"厄苏"，2000—2001 年秋冬系列
黄色玻璃串珠与黑色马毛

第 153 页
连衣裙，"厄苏"，2000—2001 年秋冬系列
带有污泥的裸色合成纤维，涂成象牙色与黄色的木制串珠

第 154 页
套装，"厄苏"，2000—2001 年秋冬系列
米黄色皮制连衣裙；金属丝裙撑

第 157 页
紧身连体衣，"外面的世界很危险"，1997—1998 年秋冬系列
棕色绒面革与皮革，漂白牛仔布，鳄鱼头标本

第 158 页
套装，"外面的世界很危险"，1997—1998 年秋冬系列
棕色小马皮夹克，羚羊角；漂白牛仔裤

第 161 页
连衣裙，"外面的世界很危险"，1997—1998 年秋冬系列
奶油色小马皮，白色、米黄色与黑色玻璃串珠缀饰花朵状贴花

"变形"（*Irere*）

第 163 页
外套，"变形"，2003 年春夏系列
黑色真丝，白色棉线刺绣，黑色鸭子羽毛；黑色蟒皮绑带

第 164 页
紧身连体衣，"变形"，2003 年春夏系列
裸色真丝，黑色玻璃串珠

第 165 页
连衣裙，"变形"，2003 年春夏系列
白色真丝与黑色皮革
原为伊莎贝拉·布罗个人收藏，达芙妮·吉尼斯阁下惠允

第 166 页
"牡蛎"（Oyster）连衣裙，"变形"，2003 年春夏系列
象牙色真丝

第 169 页
连衣裙，"变形"，2003 年春夏系列
米黄色真丝

第 170—171 页
连衣裙，"变形"，2003 年春夏系列
红色、蓝色与黄色真丝，极乐鸟羽毛图案印花

浪漫自然主义

第 173 页
连衣裙，"卡洛登的寡妇"，2006—2007 年秋冬系列
雉鸡羽毛

第 174 页
连衣裙，"萨拉班德舞曲"（*Sarabande*），2007 年春夏系列
奶油色手绘皮革

第 177 页
连衣裙，"萨拉班德舞曲"，2007 年春夏系列
奶油色真丝，渐变黑色真丝蕾丝，人造钻石

第 178 页
连衣裙，"卡洛登的寡妇"，2006—2007 年秋冬系列
奶油色真丝与蕾丝，树脂鹿角

第 181 页
套装，"萨拉班德舞曲"，2007 年春夏系列
苯胺紫色真丝，真丝假花与鲜花

第 182 页
连衣裙，"萨拉班德舞曲"，2007 年春夏系列
裸色真丝，真丝假花与鲜花

"柏拉图的亚特兰蒂斯"

第 185 页
连衣裙，"柏拉图的亚特兰蒂斯"，2010 年春夏系列
蛇纹编织图案真丝，蜂巢状黄色珐琅亮片

第 186—187 页
连衣裙，"柏拉图的亚特兰蒂斯"，2010 年春夏系列
蛇纹图案印花真丝

第 188—189 页
连衣裙，"柏拉图的亚特兰蒂斯"，2010 年春夏系列
飞蛾图案印花真丝，激光切割皮革

第 190 页
连衣裙，"柏拉图的亚特兰蒂斯"，2010 年春夏系列
水母图案印花真丝，蜂巢状蓝色珐琅亮片

第 191 页
"外星人"（Alien）高跟鞋，"柏拉图的亚特兰蒂斯"，2010 年春夏系列
树脂，涂以带有五彩光泽的白色涂料

第 192 页
连衣裙，"柏拉图的亚特兰蒂斯"，2010 年春夏系列
水母图案印花真丝，蜂巢状蓝色珐琅亮片

第 193 页
连衣裙，"柏拉图的亚特兰蒂斯"，2010 年春夏系列
珊瑚礁图案印花真丝，金色金属亮片

第 194 页
"水母"（Jellyfish）套装，"柏拉图的亚特兰蒂斯"，2010 年春夏系列
五彩珐琅亮片缀饰连衣裙与紧身裤

第 195 页
"水母犰狳"（Jellyfish Armadillo）靴子，"柏拉图的亚特兰蒂斯"，2010 年春夏系列
树脂，五彩珐琅亮片

珍奇柜

第 197 页
套装，"千年血后"（The Hunger），1996 年春夏系列
银色羊毛／合成纤维夹克，红色真丝内衬；内嵌蠕虫的模压塑料紧身上衣；银色鹿角饰红色真丝半裙
鹿角由肖恩·利恩为亚历山大·麦昆设计

第 198—199 页，从左至右：

莎拉·哈玛妮为亚历山大·麦昆设计
头篮，"无题"，1998 年春夏系列
镀银金属

莎拉·哈玛妮为亚历山大·麦昆设计
肩衬，"无题"，1998 年春夏系列
镀银金属

头饰，"眼睛"（Eye），2000 年春夏系列
红色羊毛，黑色、白色与红色棉线刺绣，银币

纪梵希高级定制时装屋
厚底鞋，"折衷的解剖"，1997—1998 年秋冬系列
红色与黑色皮革

菲利普·特里西为亚历山大·麦昆设计
头饰，"蓝色夫人"（La Dame Bleue），2008

年春夏系列
锡
菲利普·特里西惠允

厚底鞋，"蓝色夫人"，2008 年春夏系列
雕花木，皮革，白银串珠

紧身胸衣（背板），"沃斯"，2001 年春夏系列
蚀刻并涂红的手工烤弯玻璃

头饰，"眼睛"，2000 年春夏系列
镀银金属硬币

厚底鞋，2006—2007 年早秋系列
红色真丝，黑色与白色真丝刺绣

莎拉·哈玛妮为亚历山大·麦昆设计
头篮，"无题"，1998 年春夏系列
镀银金属

菲利普·特里西为亚历山大·麦昆设计
头饰，"眼睛"，2000 年春夏系列
金属硬币

菲利普·特里西为亚历山大·麦昆设计
头篮，"沃斯"，2001 年春夏系列
蚀刻并涂红的手工烤弯玻璃

第 200 页
肖恩·利恩为亚历山大·麦昆设计
"螺旋"（Coiled）胸甲，"瞭望"（The Overlook），1999—2000 年秋冬系列
铝
肖恩·利恩惠允

第 202 页
肖恩·利恩为亚历山大·麦昆设计
"脊椎"（Spine）紧身胸衣，"无题"，1998 年春夏系列
铝与黑色皮革
肖恩·利恩惠允

第 203 页
莎拉·哈玛妮为亚历山大·麦昆设计
盔甲，"贞德"，1998—1999 年秋冬系列
镀银金属

第 204—205 页，从左至右：

菲利普·特里西为亚历山大·麦昆设计
帽子，"丰饶角"，2009—2010 年秋冬系列
涂红色与黑色的木头

肖恩·利恩为亚历山大·麦昆设计
"荆棘"（Thorn）臂饰，"但丁"，1996—1997 年秋冬系列
白银
肖恩·利恩惠允

埃里克·哈利为亚历山大·麦昆设计
颈饰，"但丁"，1996—1997 年秋冬系列
黑色羽毛，银色皮革与上黑色瓷漆的金属

西蒙·科斯廷为亚历山大·麦昆设计
无边帽，"但丁"，1996—1997 年秋冬系列

黑色真丝／棉布，黑玉串珠

面具，"但丁"，1996—1997 年秋冬系列
（复制品）
黑色合成纤维与上白色瓷漆的金属

肖恩·利恩为亚历山大·麦昆设计
"荆棘冠"（Crown of Thorns）头箍，"但丁"，1996—1997 年秋冬系列
白银
肖恩·利恩惠允

菲利普·特里西与肖恩·利恩为亚历山大·麦昆设计
头箍，"卡洛登的寡妇"，2006—2007 年秋冬系列
白银，施华洛世奇（Swarovski）水晶与黑色鹭鸶羽毛
施华洛世奇惠允

菲利普·特里西为亚历山大·麦昆设计
头饰，"住在树上的女孩"，2008—2009 年秋冬系列
木头与珊瑚
菲利普·特里西惠允

肖恩·利恩为亚历山大·麦昆设计
"颌骨"（Jaw Bone）口饰，"无题"，1998 年春夏系列
铝
肖恩·利恩惠允

高跟鞋，"变形"，2003 年春夏系列
奶油色皮革，金属，木头与骨头

肖恩·利恩为亚历山大·麦昆设计
耳环，"萨拉班德舞曲"，2007 年春夏系列
镀金金属，镀金白银，珍珠贝母串珠，珐琅与真人头发

"王国"（Kingdom）香水瓶，2002 年
红色玻璃，银色金属与塑料

"王国"香水瓶，2002 年
红色玻璃与银色金属

"指节匣"（Knucklebox）手拿包，2010—2011 年早秋系列
黑色皮革与镀银金属

菲利普·特里西为亚历山大·麦昆设计
帽子，"旋转木马"，2001—2002 年秋冬系列
黑色皮革，黑色鸵鸟羽毛，银色金属与黑色珍珠

手袋，"纪念 1692 年塞勒姆的伊丽莎白·豪"（In Memory of Elizabeth How, Salem 1692），2007—2008 年秋冬系列
镀银金属与棕色皮革

肖恩·利恩为亚历山大·麦昆设计
盒式项链挂坠，"萨拉班德舞曲"，2007 年春夏系列
黑色丝带，镀金金属，毛发，珐琅与珍珠贝母串珠

肖恩·利恩为亚历山大·麦昆设计

耳环，"旋转木马"，2001—2002 年秋冬系列
白银，雉鸡爪与灰色大溪地珍珠
肖恩·利恩惠允

颈饰，"厄苏"，2000—2001 年秋冬系列
树脂，外裹镀银金属

第 206 页
连衣裙，"游戏而已"，2005 年春夏系列
丁香紫色皮革与奶油色马毛

第 207 页
套装，"纪念 1692 年塞勒姆的伊丽莎白·豪"，2007—2008 年秋冬系列
勃艮第酒红色模压皮革紧身上衣；勃艮第酒红色真丝雪纺半裙

第 208—209 页，从左至右：

戴·里斯为亚历山大·麦昆设计
头箍，"洋娃娃"，1997 年春夏系列
棕色皮革与豪猪刺
戴·里斯惠允

菲利普·特里西为亚历山大·麦昆设计
头饰，"变形"，2003 年春夏系列
鹦鹉羽毛

肖恩·利恩为亚历山大·麦昆设计
鼻饰，"厄苏"，2000—2001 年秋冬系列
白银
肖恩·利恩惠允

肖恩·利恩为亚历山大·麦昆设计
獠牙口饰，"厄苏"，2000—2001 年秋冬系列
白银
肖恩·利恩惠允

肖恩·利恩为亚历山大·麦昆设计
獠牙耳环，"千年血后"，1996 年春夏系列
白银
肖恩·利恩惠允

肖恩·利恩为亚历山大·麦昆设计
圆碟耳环，"光明神殿"（Pantheon Ad Lucem），2004—2005 年秋冬系列
紫铜

肖恩·利恩为亚历山大·麦昆设计
螺旋颈饰，"外面的世界很危险"，1997—1998 年秋冬系列
黄铜

紧身胸衣，"萨拉班德舞曲"，2007 年春夏系列
褐色与白色小马皮

肖恩·利恩为亚历山大·麦昆设计
圆圈耳环，"厄苏"，2000—2001 年秋冬系列
白银
肖恩·利恩惠允

肖恩·利恩为亚历山大·麦昆设计
扇形耳环，"变形"，2003 年春夏系列
白银与金刚鹦鹉羽毛

戴·里斯为亚历山大·麦昆设计
头箍，"洋娃娃"，1997 年春夏系列
涂黑并喷涂银色的豪猪刺，皮革
戴·里斯惠允

护背，"但丁"，1996—1997 年秋冬系列
树脂角

菲利普·特里西为亚历山大·麦昆设计
头饰，"变形"，2003 年春夏系列
鹦鹉羽毛与火鸡羽毛

高跟鞋，"第 13 号"，1999 年春夏系列
棕色与白色皮革

肖恩·利恩为亚历山大·麦昆设计
发夹，"无题"，1998 年春夏系列
白银
肖恩·利恩惠允

头箍，"但丁"，1996—1997 年春夏系列
树脂角与金属丝

肖恩·利恩为亚历山大·麦昆设计
面具，"变形"，2003 年春夏系列
白银

肖恩·利恩为亚历山大·麦昆设计
圆圈颈饰，"厄苏"，2000—2001 年秋冬系列
白银

第 210 页
紧身连体衣，"纪念 1692 年塞勒姆的伊丽莎白·豪"，2007—2008 年秋冬系列
金色塑料紧身上衣，金色亮片与孔雀羽毛

第 211 页
纪梵希高级定制时装屋
连衣裙，"寻找金羊毛"（The Search for the Golden Fleece），1997 年春夏系列
金色皮革
纪梵希高级定制惠允

第 212—213 页，从左至右：

伯努瓦·梅雷亚尔德（Benoît Méléard）为亚历山大·麦昆设计
高跟鞋，"沃斯"，2001 年春夏系列
褐色皮革与金属
原为伊莎贝拉·布罗个人收藏，达芙妮·吉尼斯阁下惠允

肖恩·利恩与菲利普·特里西为亚历山大·麦昆设计
头箍，"卡洛登的寡妇"，2006—2007 年秋冬系列
白银，施华洛世奇水晶与海鸥羽毛
施华洛世奇惠允

高跟鞋，"变形"，2003 年春夏系列
红色真丝与皮革，内嵌蝴蝶的有机玻璃鞋跟

菲利普·特里西为亚历山大·麦昆设计
头箍，"卡洛登的寡妇"，2006—2007 年秋冬系列
丘鹬翅膀
菲利普·特里西惠允

肖恩·利恩为亚历山大·麦昆设计
"兰花"（Orchid）肩衬，"光明神殿"，2004—2005 年秋冬系列
镀银金属

高跟鞋，"自然的差异，非自然的选择"（NATURAL DIS-TINCTION UN-NATURAL SELECTION），2009 年春夏系列
褐色皮革

埃里克·哈利为亚历山大·麦昆设计
颈饰，"但丁"，1996—1997 年秋冬系列
雉鸡羽毛与鸵鸟羽毛

"犰狳"（Armadillo）靴子，"柏拉图的亚特兰蒂斯"，2010 年春夏系列
蟒蛇皮

菲利普·特里西为亚历山大·麦昆设计
帽子，"蓝色夫人"，2008 年春夏系列
上色并塑造为蝴蝶状的火鸡羽毛

菲利普·特里西为亚历山大·麦昆设计
帽子，"蓝色夫人"，2008 年春夏系列
真丝网与施华洛世奇水晶蜻蜓

第 214 页
紧身上衣，"沃斯"，2001 年春夏系列
贻贝壳

"第 13 号"

第 217 页
连衣裙，"第 13 号"，1999 年春夏系列
被喷涂黑色与黄色的白色棉布，搭配白色真丝衬裙

第 218 页
套装，"第 13 号"，1999 年春夏系列
褐色皮革露背上衣；轻木半裙（复制品）

第 219 页
套装，"第 13 号"，1999 年春夏系列
轻木有翼紧身上衣（复制品）；奶油色羊毛与真丝蕾丝长裤

第 220 页
套装，"第 13 号"，1999 年春夏系列
棕色皮革紧身胸衣；奶油色真丝蕾丝半裙；雕花榆木义肢

第 223 页
义肢，"第 13 号"，1999 年春夏系列
雕花榆木

注释

前言　安德鲁 · 博尔顿

来自以下信息来源的引文由作者编纂自亚历山大 · 麦昆工作室媒体手册的新闻剪报。除特别声明，引文均来自亚历山大 · 麦昆。

1.　*The Guardian*, April 20, 2004.
2.　*Harper's Bazaar*, April 2007.
3.　*Pirus*, no. 8, June 1996.
4.　*The Guardian*, October 6, 2007.
5.　Isabella Blow, quoted in British *Vogue*, July 1996, catwalk report supplement.
6.　*Time Out* (London), September 24–October 1, 1997.
7.　*Big*, Autumn/Winter 2007.
8.　Suzy Menkes, *International Herald Tribune*, October 1, 1996.
9.　*L'Officiel*, February 2010.
10.　American *Vogue*, June 2000.
11.　*ISIS*, Spring 2005.
12.　*L'Officiel*, February 2010.
13.　*Guardian*, April 20, 2004.
14.　*WWD: The Magazine*, July 2006.
15.　*Big*, Autumn/Winter 2006.
16.　*Independent Magazine: Fashion*, Autumn/Winter 1999.
17.　*Times* (London), January 31, 2000.
18.　*W*, June 2008.
19.　*TJF Magazine*, June/September 2006.
20.　*Time Out* (London), September 24–October 1, 1997.
21.　*Harper's Bazaar*, August 2004.
22.　*Plato's Atlantis* (spring/summer 2010) program notes.
23.　*International Herald Tribune*, October 8, 2009.
24.　Alexander Fury, quoted on *SHOWstudio.com*.
25.　*W*, September 1999.

引言　苏珊娜 · 弗兰克尔

1.　Alexander McQueen, quoted in Susannah Frankel, "The Real McQueen," *Independent Magazine: Fashion*, Autumn/Winter 1999, 11.
2.　Ibid.
3.　Alix Sharkey, "The Real McQueen," *Guardian Weekend*, July 6, 1996, 39.
4.　McQueen, quoted in Frankel, "The Real McQueen," 12.
5.　Ibid.
6.　McQueen, quoted in Sharkey, "The Real McQueen," 40.
7.　McQueen, quoted in Frankel, "The Real McQueen," 12.
8.　Bobby Hillson, quoted in Sharkey, "The Real McQueen," 40.
9.　Louise Wilson, interview with author, November 2010.
10.　McQueen, quoted in Sharkey, "The Real McQueen," 41.
11.　McQueen, quoted in Frankel, "The Real McQueen," 15.
12.　Fay Cattini, letter to the editor, *Guardian Weekend*, July 20, 1996.
13.　Trino Verkade, interview with author, December 2010.
14.　Ibid.
15.　Katell Le Bourhis, quoted in Susannah Frankel, "Bull in a Fashion Shop," *Guardian*, G2, October 15, 1996, 8.
16.　Katy England, quoted in Susannah Frankel, "Forever England," *Independent Magazine*, September 8, 2001, 10.
17.　Alexander McQueen, quoted in Susannah Frankel, "Wings of Desire," *Guardian Weekend*, January 25, 1997, 16.
18.　Alexander McQueen, quoted in Susannah Frankel, "Body Beautiful," *Guardian Weekend*, August 29, 1998, 15, 19.
19.　Alexander McQueen, quoted in Susannah Frankel, "Collections Report," *Another Magazine*, Spring/Summer 2002, 200.
20.　Sylvie Guillem, quoted in Susannah Frankel, "Genius in Motion," *Harper's Bazaar* (UK), August 2010.
21.　Janet Fischgrund, interview with author, December 2010.
22.　Sam Gainsbury, interview with author, December 2010.
23.　Alexander McQueen, quoted in profile by Susannah Frankel, *Neiman Marcus Magazine*, Autumn/Winter 2003.
24.　Alexander McQueen, quoted in Susannah Frankel, "Collections Report," *Another Magazine*, Spring/Summer 2004, 184.
25.　Alexander McQueen, quoted in Susannah Frankel, "Collections Report," *Another Magazine*, Autumn/Winter 2005, 181.
26.　Fischgrund, interview with author.
27.　Katy England, quoted in Susannah Frankel, "The Real McQueen," *Harper's Bazaar* (US), April 2007, 202.
28.　Verkade, interview with author.
29.　Alexander McQueen, interview with author, February 2009.
30.　Alexander McQueen, quoted in Susannah Frankel, "Collection Report," *Another Magazine*, Spring/Summer 2008, 222.
31.　McQueen, interview with author, February 2009.
32.　Alexander McQueen, quoted in Susannah Frankel, Alexander McQueen show notes, Spring/Summer 2010.
33.　Alexander McQueen, interview with author, September 2009.

李 · 亚历山大 · 麦昆语录

以下引文由安德鲁 · 博尔顿编纂，主要来自亚历山大 · 麦昆工作室媒体手册的新闻剪报。

Page 16: British *Vogue*, October 2002.

Page 30: *GQ*, May 2004; *Self Service*, Spring/Summer 2002; *New York Times*, March 8, 2004.

Page 35: *Time Out* (London), September 24–October 1, 1997.

Page 36: *Domus*, December 2003.

Page 39: *Self Service*, Spring/Summer 2002; *Muse*, December 2008.

Page 44: *Wynn*, Winter 2007–8; *Numéro*, December 2007.

Page 53: *Guardian Weekend*, July 6, 1996.

Page 54: *Stella*, September 10, 2006.

Page 57: *Domus*, December 2003.

Page 60: American *Vogue*, April 2010; *Guardian*, September 19, 2005; *Purple Fashion*, Summer 2007.

Page 70: *W*, July 2002; *Numéro*, December 2007; *Time Out* (London), September 24–October 1, 1997.

Page 73: *Drapers*, February 20 2010.

Page 74: *Observer Magazine*, October 7, 2001.

Page 77: *Numéro*, July/August 2002; *Dazed & Confused*, September 1998.

Page 80: *Purple Fashion*, Summer 2007.

Page 85: *Numéro*, July/August 2002; Reuters, February 2001.

Page 92: *Harper's & Queen*, April 2003; *Muse*, December 2008.

Page 102: *Independent Magazine: Fashion*, Autumn/Winter 1999.

Page 105: *Another Magazine*, Autumn/Winter 2006.

Page 106: *Another Magazine*, Autumn/Winter 2006.

Page 111: *WWD: The Magazine*, July 2006.

Page 112: *Dazed & Confused*, September 1998; *Numéro*, July/August 2002.

Page 115: *Corriere della Sera*, July 14, 2003; *Interview*, September 2008; *Purple Fashion*, Summer 2007.

Page 122: *Time Out* (London), September 24–October 1, 1997.

Page 129: *WWD: The Magazine*, July 2006.

Page 130: *Nylon*, February 2004.

Page 138: *Another Magazine*, Spring/Summer 2005.

Page 142: *The Fashion*, Spring/Summer 2001; *20/20 Europe*, January/February 2001; *WWD*, September 28, 2000.

Page 146: *WWD*, September 28, 2000.

Page 150: *Purple Fashion*, Summer 2007.

Page 155: *Harper's Bazaar*, April 2003; British *Vogue*, October 2002.

Page 156: *L'Officiel*, February 2010.

Page 159: McQueen, quoted in Caroline Evans, *Fashion at the Edge: Spectacle, Modernity and Deathliness* (New Haven, Conn.: Yale University Press, 2002).

Page 160: *FQ Magazine*, Holiday 2004.

Page 162: *Harper's & Queen*, April 2003.

Page 167: *Purple Fashion*, Summer 2007.

Page 168: *Another Magazine*, Autumn/Winter 2006; *Numéro*, March 2002.

Page 172: *NATURAL DIS-TINCTION UN-NATURAL SELECTION* (spring/summer 2009) program notes; *Numéro*, December 2007.

Page 175: *W*, April 2007.

Page 176: *Purple Fashion*, Summer 2007.

Page 179: *Big*, Autumn/Winter 2006.

Page 180: *Purple Fashion*, Summer 2007.

Page 183: *Harper's Bazaar* (US), April 2007.

Page 184: *Plato's Atlantis* (spring/summer 2010) program notes; *WWD*, February 12, 2010.

Page 196: *Times* (London), February 12, 2010; *The Face*, November 1996.

Page 201: *L'Officiel*, February 2010.

Page 215: *Index Magazine*, September/October 2003.

Page 216: "Style," *South China Morning Post*, September 2007; *ArtReview*, September 2003.

Page 221: *i-D*, July 2000.

Page 222: *i-D*, January/February 1999.

Page 240: *Harper's Bazaar* (US), April 2007.

致谢 ACKNOWLEDGMENTS

我非常感谢为此次展览"亚历山大·麦昆：野性之美"与这本图录提供慷慨帮助的朋友们。特别是以下各位给予了我建议与鼓励，为此我深感幸运：大都会艺术博物馆馆长 Thomas P. Campbell，主席 Emily K. Rafferty，组织发展项目副主席 Nina McN. Diefenbach，时装学院负责人 Harold Koda，美国版《时尚》杂志主编 Anna Wintour，还有慷慨赞助了本次展览与这本图录的亚历山大·麦昆时装屋，其中特别感谢公司总裁 Jonathan Akeroyd，创意总监 Sarah Burton 和创意协调员 Trino Verkade。我还要感谢美国运通与康泰纳仕为这两个项目提供的额外支持。同时，我也受惠于 Colin Firth, Stella McCartney, François-Henri Pinault 和 Salma Hayek。

我将最真挚的感谢致以 Sam Gainsbury 和 Joseph Bennett，他们分别作为此次展览的创意总监和艺术指导。我要特别感谢此次展览的音乐总监 John Gosling，还有 Gainsbury and Whiting 的 Anna Whiting 和 Stefania Farah。我想要向 Guido Palau 表达我最深的谢意，他为展示模特制作了无与伦比的面具与头饰。还要特别感谢以 Sandy Hullett 为首的团队，包括 Teddi Cranford, Tomas Delucia, Jared Glaze, Jarrett Iovinella, Tony Kelley, Adam Markarian, Matthew Monzon, Desi Santiago 和 Helen Woolfenden。

我还要将最真挚的感谢致以展览副总监 Jennifer Russell，特别展览和展厅布置与设计主管 Linda Sylling，展览部建筑副主管 Taylor Miller，设计部的 Daniel Kershaw, Brian Cha 和 Sue Koch，还有数字媒体部的 Christopher A. Noey, Paul Caro 和 Robin Schwalb。

我非常感谢慷慨的出借方们，他们包括 Ruti Danan, Katy England, Janet Fischgrund, Samantha Gainsbury, 纪梵希时装屋（Caroline Deroche Pasquier, Laure Aillagon）, Daphne Guinness（Kate Ledlie, Primrose Dixon）, Mira Chai Hyde, Maison de la Perle（Jonathan Sayeb）, Tiina Laakkonen, Shaun Leane（Nancy Wong）, Basya Lowinger, Alister Mackie, Dai Rees, 施华洛世奇（Jessica Nagel, Brianne Walker）, Philip Treacy（Stefan Bartlett）和 Trino Verkade。

我深深地感谢 Sølve Sundsbø，他为这本图录拍摄了绝妙的照片。我还要特别感谢 Paula Ekenger, Sally Dawson, Alex Waitt, Karina Twiss, Ashley Reynolds, Myro Wulff, Dan Moloney, Phil Crisp, Jayden Tang, Patrick Horgan, Jim Alexandrou 和 Jake Hickman。

由出版人兼主编 Mark Polizzotti 领导的大都会艺术博物馆编辑部在这本书的编写过程中提供了专业意见。我诚挚地感谢 Gwen Roginsky, Michael Sittenfeld, Peter Antony, Chris Zichello 和 Mary Jo Mace。我想感谢编辑 Elisa Urbanelli，感谢她在编辑过程中提出的建议、提供的知识和付出的耐心。我还想感谢 Tim Blanks 和 Susannah Frankel 为本书撰写的极富洞见的文章。我特别要感谢 Takaaki Matsumoto 和 Amy Wilkins 为本书做的美妙的设计。

我特别感谢亚历山大·麦昆时装屋与其合作者，他们包括 Lara Alexander, Carolina Antinori, Christina Astolfi, Sidonie Barton, Natalya Bezborodova, Klaus Bierbrauer, Björk, Nicola Borras, Will Bowen, Lorenzo Brasca, Alessandro Canu, Michael Clark, Kathryn Dale, Duncan Dow, Olaf Fernandez, Judy Halil, Sofia K. A. Hedman, Jeannette Kenny, Simon Kenny, Laura Kiefer, Ronald Kim, Steven Klein, Nick Knight, Masako Kumakura, Chi Lael, Daniel Landin, Sarah Leech, Andrea Lattuada, Paul Little, Shonagh Marshall, John Maybury, Karen Mengers, Stephen Metcalf, Chiara Monteleone, Kate Moss, Torrunn Myklebust, Christine Nielsen, Laurent Paoli, Dee Patel, Gaetano Perrone, Maria Claudia Pieri, Benoît Sackebandt, Christian Sampaolo, Ambrita Shahani, Simon Simonton, David Sims, Kevin Stenning, Dick Straker, Sam Taylor-Wood, Charlie Thomas, Francesca Tratto, Malin Troll, Loredana di Tucci, Olivier Van de Velde, Rachael J. Vick, Baillie Walsh, Gemma A. Williams 和 Kerry Youmans。

我在时装学院的同事们在这些项目的实现过程中的每一步，都付出了不可估量的贡献。我要向以下各位致以我最深的谢意：Elizabeth Abbarno，Elizabeth Bryan，Julie Burnsides，Michael Downer，Joyce Fung，Amanda Garfinkel，Cassandra Gero，Jessica Glasscock，Jennifer Holley，Mark Joseph，Julie Lê，Meghan Lee，Bethany Matia，Brigid Merriman，Marci Morimoto，Won Ng，Chris Paulocik，Shannon Price，Elizabeth Randolph，Jan Reeder，Anne Reilly，Suzanne Shapiro，Kristen Stewart 和 Lalena Vellanoweth。

我还要向时装学院的讲解员、实习生和志愿者们表达真诚的感谢，他们包括 Sarah Altman，Marie Arnold，Kitty Benton，Clara Berg，Lauren Bradley，Jane Hays Butler，Patricia Corbin，Katherine Dean，Eileen Ekstract，Michel Fox，Arianna Funk，Katherine Gregory，Madeline Haddon，Ruth Henderson，Jennifer Hart Iacovelli，Alison Johnson，Silvia Kemp，Susan Klein，Lucie-Marie Cecelia Jespersdatter Layers，Rena Lustberg，Marcella Milio，Butzi Moffitt，Ellen Needham，Wendy Nolan，Ryan O'Conner，Rebecca Perry，Patricia Peterson，Victoria Rogers，Lisa Santandrea，Gina Scalise，Rena Schklowsky，Eleanore Schloss，Bernice Shaftan，Nancy Silbert，Judith Sommer，Chandler Sterling，DJ White 和 Arielle Winnick。

我特别要感谢由 Lizzie Tisch 担任主席的时装学院之友与时装学院视察委员会对我们一直以来的支持。

我还想感谢大都会艺术博物馆其他各部门的同事们的协助，包括 Pamela T. Barr，Warren Bennett，Nancy Chilton，Jennie Choi，Aileen K. Chuk，Meryl Cohen，Clint Coller，Willa M. Cox，Mathew Cumbie，Martha Deese，Cristina Del Valle，Aimee Dixon，Lisa Musco Doyle，Peggy Fogelman，Debra Garrin，Patricia Gilkison，Jessica Glass，Christopher Gorman，Nadja Hansen，Sarah Higby，Katie Holden，Harold Holzer，Kirstie Howard，Marilyn Jensen，Brad Kauffman，Will Lach，Christine Larusso，Richard Lichte，Joseph Loh，Ruben Luna，Kristin M. Macdonald，Ann Matson，Rebecca Mcginnis，Missy Mchugh，Mary Mcnamara，Katherine Merrill，Melissa Oliver-Janiak，Stella Paul，Ashley Potter Bruynes，Frederick Sager，Tom Scally，Alice Schwarz，Amy Silva，Ron Street，Jane Tai，Elyse Topalian，Valerie Troyansky，Jenna Wainwright，Sandy Walcott，David Wargo 和 Donna Williams。

我还要向以下机构与个人表示感谢，他们为本次展览与本书提供了照片：David Bailey（Danielle Edwards），Don McCullin（Jeffrey Smith，联系新闻图片社），Gary James McQueen，Chris Moore（Zoë Roberts，Catwalking），纽约州立大学时装技术学院（Juliet Jacobson），以及 Tim Walker（Myles Ashby，Art + Commerce）。

我还要特别感谢 Byron Austin，Hamish Bowles，Sid Bryant，Giovanna Campagna，Judith Clark，Grace Coddington，Frances Corner，Oriole Cullen，Ellie Grace Cumming，Antonia D'Marco，Amy de la Haye，Sylvana Durrett，Caroline Evans，Linda Fargo，Kyle Farmer，Paula Fitzherbert，Sally-Ann Fordham，Shelley Fox，Danny Hall，John Hitchcock，David Hoey，Elizabeth Hsieh，Stephane Jaspar，Gina Kane，Polina Kasina，Nicole Lepage，Penny Martin，Johanne Mills，Misaki，Kaori Mitsuyasu，Sarah Mower，Kate and Laura Mulleavy，Aimee Mullins，Michael Nyman，Lyza Onysko，Clare Read，Anda Rowland，Neal Rosenberg，Caroline Roux，Megan Salt，Ivan Shaw，Katerina Smutok，Sonnet Stanfill，Tavi，Uliana Tikhova，Derek Tomlinson，Claire Wilcox，Amie Witton 和 Yumiko Yamamoto。

我衷心感谢以下各位一直以来的支持：Paul Austin，Alex Barlow，Harry and Marion Bolton，Ben and Miranda Carr，Randall Cochrell，Christine Coulson，Alice Fleet，Chris Galiardo，Tina Hammond，Teresa Lai，Alexandra Lewis，Benoît Missolin，Clare and Jack Penate，Sabine Rewald，Fernando and Soumaya Romero，Lita Semerad，Anna Sui，Rebecca Ward，并特别感谢 David Vincent。

"我在怪诞里找寻到了美，就像大多数艺术家那

样。我不得不强迫人们去看这些。"